"十四五"普通高等教育本科部委级规划教材

高分子科学实验

GAOFENZI KEXUE SHIYAN

马登学　徐守芳　陈奎永 / 编著

中国纺织出版社有限公司

内 容 提 要

高分子科学注重理论和实验结合紧密。本书将高分子科学实验分为 4 章：高分子科学实验基础、高分子合成及改性实验、高分子结构和性能实验、高分子应用综合实验，涵盖了高分子化学实验、高分子物理实验、聚合物成型加工实验、聚合物仪器分析实验和高分子材料与工程实验等课程内容。

本书可作为高等院校高分子材料与工程专业、材料科学与工程专业等相关专业师生的专业实验课程教材，也可供开展高分子研究的科研人员阅读参考。

图书在版编目（CIP）数据

高分子科学实验 / 马登学，徐守芳，陈奎永编著.
北京：中国纺织出版社有限公司，2025. 3. --（"十四五"普通高等教育本科部委级规划教材）. -- ISBN 978
-7-5229-2320-8

Ⅰ. O63-33

中国国家版本馆 CIP 数据核字第 2024BP7657 号

责任编辑：朱利锋　陈怡晓　责任校对：高　涵　责任印制：王艳丽

中国纺织出版社有限公司出版发行
地址：北京市朝阳区百子湾东里 A407 号楼　邮政编码：100124
销售电话：010—67004422　传真：010—87155801
http://www.c-textilep.com
中国纺织出版社天猫旗舰店
官方微博 http://weibo.com/2119887771
三河市宏盛印务有限公司印刷　各地新华书店经销
2025 年 3 月第 1 版第 1 次印刷
开本：787×1092　1/16　印张：12
字数：232 千字　定价：68.00 元

前　言

　　高分子科学是一门理论与实验紧密结合的新兴学科，高分子科学实验对高分子化学、高分子物理和高分子材料的理论发展起到了极大的推动作用。因此，对高分子相关专业本科生进行高分子科学实验训练十分重要。高分子科学实验有助于加深学生对高分子相关课程中基本概念、原理和实验方法的理解，培养和提高学生的基本实验技能，激发学生对高分子科学的兴趣，为今后的学习和科研工作打好基础。

　　现有的高分子科学实验教材大多是"十二五"甚至"十一五"规划教材，且一直没有修订再版，有许多地方已不适应现在的需求。例如，在实验内容方面，有些实验中的试剂用量不准确，实验条件不具体，因而得出的实验现象不明确，甚至得不到书中描述的实验结果；可供学生选择的创新性和综合性实验项目偏少，而且可操作性不强；不能适应时代发展需求，"课程思政"和绿色低碳的理念在教材中没有体现。为此，本书编写组结合自身多年的教学实践，编写了这本《高分子科学实验》，以期能解决以上问题。

　　本书有如下特色：第一，将"课程思政"融入教材，注重挖掘教材内容包含的育人元素，使教材和思政有机融合，教材承载思政，思政寓于教材，使学生在课堂上学习知识的同时，潜移默化地受到思想政治教育，引领理工类大学生树立正确的世界观、人生观、价值观；第二，本书具有"制备实验小量化、测试实验减量化、实验内容绿色化"的特点，如把甲苯、二甲苯等有毒的药品用低毒或者无毒的药品替代，推行微型实验，发展封闭实验和串联实验，开发模拟实验，回收利用实验产物，体现绿色化学的教学理念；第三，加强了实验的综合性和研究性，减少验证性实验，强调由学生自主选择实验内容和实验方法，自主探索解决问题的方法；第四，实验项目的选择贴近生活和生产实际，使学生对课程内容有直观印象，学习兴趣高、动手意愿强，如本书设计了人造琥珀、胶水的合成实验。

　　本书是作者以习近平新时代中国特色社会主义思想和党的二十大精神为指引，深入贯彻全国教育大会和新时代全国高等学校本科教育工作会议精神，在多年高分子科学实验教学实践的基础上，综合了国内外高分子科学实验教材及相关文献，为本科生开设高分子科学实验课程精心编写的。为了培养高分子科学方面的应用研究型人才，本书涵盖了高分子合成及改性实验、高分子结构和性能实验、高分子应用综合实验三部分，并设计了多个综合性、创新性实验。本书适用于高分子材料与工程、材料科学与工程（高分子方向）等专业的高分子化学实验、高分子物理实验、聚合物加工成型实验、聚合物仪器分析实验和高分子材料与工程实验等实践课程。

在本书的编写过程中，马登学主要负责收集、整理和必要的修改工作，并结合近年所在学校高分子相关专业实际教学内容，编写了第一章的第一、第二节和第二章，徐守芳编写了第一章的第三、第四节，陈奎永编写了第四章的实验一至实验八和附录 1～5，李因文编写了第三章的实验一至实验八，李兴建编写了第三章的实验九至实验二十，马建峰编写了第四章的实验九至实验十一，田充编写了附录 6～9。马登学、徐守芳和陈奎永对全书进行了最后统稿和定稿。

感谢相关课程的历任教师为本书的出版所做的贡献！本书的编写全过程得到了临沂大学教务处、材料科学与工程学院各位领导的大力支持，在此深表感谢！

由于编者水平所限，书中的疏漏之处在所难免，恳请大家批评指正。

作者

2024 年 5 月

目　录

第四章　高分子应用综合实验　/133

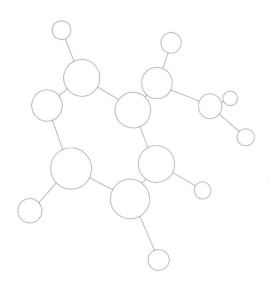

第一章
高分子科学实验基础

第一节　高分子科学实验的内容、目的及要求

一、高分子科学实验的内容、目的

高分子是一门理论和实验结合得非常紧密的自然科学，高分子理论的发展离不开实验的验证和支持，同样，其实验的设计也离不开理论的指导。高分子科学实验作为高校高分子材料与工程专业、材料科学与工程专业（高分子方向）等相关专业学生必修的专业实验课程，包含了开展高分子研究的科研人员必须掌握的专业知识。本书为适应新的形势和需求，将高分子科学实验分成三大模块，即高分子合成及改性实验、高分子结构和性能实验、高分子应用综合实验，涵盖了高分子化学实验、高分子物理实验、聚合物成型加工实验、聚合物仪器分析实验和高分子材料与工程实验等课程内容。希望能通过全面、系统的学习，达到以下目的。

① 通过实验课程更好地理解高分子专业的理论知识，加深对高分子材料性能的了解，增强对高分子研究的兴趣。

② 通过基础实验与综合实验两个层次的教学，掌握高分子合成和性能的规律，初步了解典型高分子的使用性能。

③ 培养学生有针对性地选择高分子合成方法的能力；系统地表征高分子的结构和性能的能力；在解决实际问题过程中选择、设计和改性高分子材料的能力。

二、高分子科学实验课程的要求

高分子科学实验具有自然科学的特征，它要求实验者以实事求是的态度对待实验中的每个环节，具体来说在下面三个阶段分别有不同的要求。

（一）预习阶段

实验预习与否会直接影响实验的效果，在实验开始前，实验者应认真预习实验课本及有关的操作流程，并提交完整的预习报告。预习报告具体内容包括实验目的、基本原理、可能用到的试剂和仪器、所用药品的性质及配制方法、操作步骤和关键点、预习中有疑问的地方。在实验前，预习报告须经教师检查，每次的预习报告都记录在一个实验本上备查。

预习报告的书写须简明扼要，操作步骤根据实验内容用图框、箭头或表格的形式表达，允许使用化学符号简化文字。

（二）实验阶段

高分子科学实验要求实验者了解实验目的，熟悉实验流程，认真完成实验的各个环节，同时做好实验记录。

实验记录是实验工作的第一手资料，是撰写实验报告的基本依据，具体内容主要包括日期、温度、湿度、实验内容、原料的规格及用量、简单的操作步骤、详细的实验现象及数据，尤其要注意记录实验中特殊情况出现的时间及可能的原因。记录要求完整、准确、简明，尽可能表格化，原始记录须经教师检查签字。

（三）报告总结阶段

实验结束后，须尽快整理实验数据，并撰写实验报告。实验报告单独使用报告纸。

实验报告的内容包括实验题目、实验人员、日期、简要的实验目的和原理、实际操作步骤和实验现象（包括实验时间等）、结果讨论、思考题的回答及建议。多人合作的实验应单独撰写实验报告，根据实验现象独立分析实验结果。

三、高分子科学实验中需要注意的地方

高分子科学实验的每个单独实验一般都已经过多人多次的重复操作验证，因此其结果有一定的预见性。但是，既然是实验就可能出现意外情况，遇到意外时需要实验者头脑冷静，在教师的指导下采取有效的措施终止实验或有条件性地继续实验，并做好详细的实验记录。

一是要熟悉实验装置的搭建。例如，聚合反应装置经常分为加热单元、控温单元和反应单元，加热单元应根据聚合反应的温度来选择，一般采用封闭电炉结合水浴或油浴来实现，也可采用电热套。但是，电热套加热时易出现反应瓶局部受热

不均的情况，因此应在电热套下添加升降台，方便及时调整电热套的高度，从而可以较容易地控制反应瓶的受热情况。实验装置的搭建要遵循"从下至上、从左至右"的规律，拆卸时则遵循相反的原则，即"从右往左、从上往下"。实验装置的搭建是高分子合成实验的基本技能，以合理布置且不妨碍实验操作为宜。

二是高分子合成实验中，需要随时观察并记录实验现象。实际加料量、反应时间、反应温度和物料的黏度变化均是最常见的实验参数，应及时记录。反应结束后，还须注意及时清洗反应瓶，这是由于高分子物质的溶解过程缓慢且复杂，盛放和接触过高分子产品的仪器往往比较难清洗，搁置过久则更加难洗涤，因此一定要养成用完仪器及时清洗的好习惯。

在聚合物成型加工实验、聚合物仪器分析实验和高分子材料与工程实验中，除了要用到各种实验试剂外，更多的是接触各种实验设备。在放置各种仪器设备的场所做实验，需要事前做好个人防护工作。实验者要佩戴防护眼镜，穿好实验服，身上衣物不要出现线头，保证纽扣齐全，防止衣物卷入设备中；穿长裤，不穿凉鞋、拖鞋；留心防火通道，也要注意排气通风装置是否运行正常；注意用电安全，严格遵守实验章程，注意设备紧急停用装置的使用。

第二节　高分子科学实验安全常识

一、实验室的一般安全守则

（一）做好个人防护

实验室是专门的科研活动场所，进入后，禁止大声喧哗和讨论与实验无关的内容；严禁在实验室内饮食；禁止玩耍包括手机在内的各种电子设备；实验服应穿戴整齐，有条件的要佩戴防护眼镜，禁止穿凉鞋、拖鞋，留长发的学生要把头发扎起来。

（二）牢记安全常识

高分子科学实验一般会涉及水、电，有时还会用到可燃气体，操作不当会影响实验的正常进行，甚至会对人体造成伤害。实验开始前，教师有责任告知学生正确的操作方法，学生之间也应相互提醒，避免操作错误。一旦发生漏水、漏电或漏气的情况，要第一时间关闭室内的水、电或气的总开关。若发生失火的情况，应迅速评估火势，可控的情况下立即使用正确的灭火器灭火，若火势不可控，则要迅速撤离，必须关上实验室大门，延缓火势蔓延，并在第一时间拨打消防电话。

（三）养成良好的操作习惯

开展高分子科学实验需要具备科学严谨的实验态度，也要养成良好的操作习惯，保持实验台整洁，严格按要求称取、转移和配置实验药品，确保操作的准确性和重复性，减少人为误差。实验完毕，及时清洗仪器，收拾台面，检查记录，并关好水电和门窗。

二、实验试剂的安全使用

高分子科学实验中用到的一切药品和试剂都必须贴有标签，标明名称和规格。使用时，务必看清试剂瓶（袋）的标签。

高分子科学实验中用到的大多数单体和溶剂都有毒性，大多数聚合物虽然无毒，但是它们的分解产物有一定的毒性。有机溶剂对皮肤和皮下组织有很强的刺激性，如常用的芳香类试剂不仅会引起湿疹，还会对人体神经系统产生极大的危害。甲醇对人体视神经危害较大。所以，在实验室中使用试剂要特别小心，实验前要了解所用试剂的性能和毒性，牢记使用注意事项。

此外，大多数有机试剂易燃，所以高分子科学实验室不能出现明火，取用后的试剂要盖好。对于有些低沸点或低闪点的试剂，即使没有明火，若遇到高温和快速摇晃，也会出现爆燃现象。另外，高分子科学实验中的很多试剂，如过氧化物引发剂一般需要低温冷藏储存，处理和使用时也要特别小心，防止撞击，干燥时需要采用真空烘箱，尽量选择低温。

三、仪器设备的安全使用

高分子合成实验一般会用到聚合反应装置、恒温装置和真空装置。每种装置都有各自的使用注意事项。实验前，实验者需要了解每一项操作规范，因为任何忽视或违反操作规范的行为，除了会导致实验数据不可靠外，还可能危及自身和他人的人身安全。

聚合反应装置是高分子合成实验的典型装置，通常包括三口或四口烧瓶、机械搅拌器、温度计等。通常高分子合成反应是在常压下进行的，实验室中常用的反应器是玻璃仪器，其特点在于：一方面可以较好地观察实验中的各种反应现象，另一方面便于反应结束后进行清洗。还有一些反应，如乙烯的聚合等，需要高压高温的条件，此时应对反应器的耐压情况进行详细的考察，防止出现裂缝、爆裂情况，常用的反应器有不锈钢或陶瓷仪器。另外，高分子合成中常用不锈钢或四氟乙烯制成的搅拌器，搅拌方式有机械搅拌和磁力搅拌两种，前者常用于黏度较大的体系，后者常用于需要惰性气体保护的体系。至于温度计的使用，除了防止反应环境超过温度计的量程，还要注意如果温度计破碎，要尽量消除汞蒸气的毒害。

聚合反应的温度一般要求高于常温，有时也会在低温下进行。高温实验中，实验者不能离开实验台，需随时注意反应器内的现象，及时采取相应的措施。实验室内反应器的加热，通常采用水浴、油浴和电热套。后两者的温度通常高于人体所能承受的温度，在实验时要避免被烫伤，防止试剂过热飞溅到人的脸、手等部位。低温实验中，实验者要佩戴手套，防止冻伤。需要低压或真空环境的时候，真空泵的使用必不可少。使用前应了解真空装置的正确使用事项，以保证实验的顺利进行。

第三节　高分子合成实验的预准备

一、试剂纯化和仪器的洗涤与干燥

高分子科学实验应尽量排除或减少杂质的干扰。在高分子合成实验中，所用的试剂如单体、引发剂、溶剂等都要进行相应的纯化处理，如溶剂往往需要进行脱水处理，常用的方法是在试剂中加一定量的 4A 或 5A 分子筛，一般经过一周左右的浸泡便能满足实验要求。当然，这种方法只适合于有极少量的水存在或混入的情况，若有更多的杂质，要采用减压蒸馏等方法进行纯化。

高分子的溶解是一个缓慢而复杂的过程，反应器和接触过高分子产品的仪器往往难以清洗，因此要养成实验后及时清洗仪器的习惯，选择正确的清洗方法也很重要。清洗仪器的原则是尽量除尽或破坏高分子，一般选择聚合物的溶剂洗涤。采用少量多次法，每次用少量溶剂洗涤，重复多次。对于用一般酸碱难以除尽的残留物，或污染面不易触及的玻璃仪器（如滴液漏斗、容量瓶），洗液是相当有效的清洗剂。对于更难除尽的交联型高分子，可以选择在碱液中煮沸一段时间，或者在乙醇/氢氧化钠的醇钠溶液中长时间浸泡，取出后立刻用清水冲洗。无论哪种方法，注意不要将化学试剂倒入水槽中，仪器用洗液洗后先用大量水冲洗，再用蒸馏水荡洗。洗净后的仪器一般要放在烘箱中加热烘干，急用的仪器也可加少量乙醇或丙酮荡洗，再用吹风机来回吹热风烘干。

二、实验仪器的正确使用

（一）聚合反应装置的安装与操作

高分子的聚合反应一般需在有搅拌、回流和通保护气体的条件下进行，有时还有测温、加料和取样装置。高分子合成实验中常用的是三口烧瓶或四口烧瓶、搅拌器、回流冷凝管和温度计等组成的反应装置。

高分子反应体系应针对不同的特点，选择不同的搅拌器，目的是使反应各组分充分均匀混合和避免出现局部过热现象。在反应物较少时，磁力搅拌是适当的选择，更容易在封闭体系下反应，避免空气中的水分或氧气进入反应器产生干扰。当反应物用量较多或体系黏度较大时，磁力搅拌的效果不明显，这时需要采取机械搅拌的方式。机械搅拌棒的材质分为玻璃、四氟乙烯和不锈钢，均不能与反应体系中的任何组分反应。机械搅拌特别要注意的是在搅拌棒和三口烧瓶接口处的搅拌套管之间可能出现漏气现象，通过四氟乙烯带缠绕或真空油脂涂覆均可达到较好的密封效果。

安装反应装置时，应遵循从下至上、从左至右的原则。各个仪器的位置应合理分配空间，以方便操作为佳。在加热装置的下方可放置适当大小的升降台，方便控制反应器的温度。搅拌棒在反应器中应处于灵活转动状态，在反应液中的深度适中，避免搅拌后液体飞溅，人为造成反应不均匀。

（二）聚合反应条件的控制

聚合反应温度、反应时间和加料量都是影响聚合反应的重要因素，聚合反应体系的反应时间往往需要通过跟踪反应体系的聚合度或反应程度来确定。这个过程可通过定时取样后准确表征聚合物的生成量来完成。加料量需要根据反应物形态来准确取样。固体要避免沾染到取样器或反应器的入颈处，否则会导致已加料但未反应的情况发生，液体的加料如通过滴液漏斗进行，要注意漏斗里是否有残留。

聚合反应温度由加热恒温装置决定。首先，加热介质应根据反应的温度选择，如水浴的温度不超过 90 ℃，反应温度在 80 ℃ 以下为佳，随着反应时间的延长要注意补水。油浴常用甲基硅油或苯基硅油，前者的反应温度不能超过 200 ℃，长时间使用时温度控制在 150 ℃ 以下；后者的反应温度可高，可在 200 ℃ 下长期使用。无论哪种介质，一旦发生变质、变色等情况都要及时更换。电热套适用于温度更高的反应，但温度误差范围较大，特点是方便、安全。其次，实验室中的控温装置需要自行搭建，通常由温度计、变压器和电子继电器等组成，当然，采用感温探头装置也是一种较好的选择。

另外，聚合反应体系还常常需要通入惰性气体，如高纯氮气等。使用时，要注意开关顺序、气压表的读数，避免反应体系出现密封状态等。

三、引发剂和单体的提纯

在高分子合成实验中，常用的引发剂通常为固体，故可用重结晶的方法精制。由于引发剂受热分解，溶解和沉淀要在较低的温度下进行，加热时操作要迅速，并注意安全。单体中的杂质一般有以下三种：一是单体的制备反应过程中产生的副产物。实验室中的单体多为试剂级，故这部分杂质几乎可以不考虑；二是为防止烯类单体在运输和贮存过程中发生聚合而人为地加入少量的阻聚剂（稳定剂），使用前必须除去；三是在单体存放和转移过程中引入的杂质及单体存放和转移过程中自身氧化、分解或聚合的产物，使用前也须除去。不同单体的精制方法不同，如固体单体多采用重结晶或升华的方法；非水溶性烯类单体除去阻聚剂可用稀碱（或稀酸）洗涤，再用蒸馏水反复洗涤、干燥，最后减压蒸馏。可热聚合的单体要特别注意蒸馏时的温度。

提纯后的单体或引发剂需要低温保存，取用后应及时盖好盖子放回冰柜中。有时，也采用反口橡胶塞封口，用注射针取液后，用快干硅胶密封针孔，以防止在取液过程中混入空气，避免氧气、水汽等对聚合反应的干扰。

第四节　高分子科学实验的结果分析

一、聚合反应程度的确定

高分子聚合反应体系中的组分会随时间延长发生很大变化。要了解一个聚合反应的进行情况，需要测定反应进行一定时间后反应体系中单体的反应程度或转化率，这属于高分子反应动力学的研究范畴。实验中常用的研究方法有仪器分析法、化学分析法、黏度法、折射率法、膨胀计法和称重法等。

（一）仪器分析法

仪器分析法中常用的是凝胶渗透色谱法（GPC），主要检测聚合物的相对分子量变化情况。还有核磁共振法（NMR）和气相色谱法，后者适用于多组分的共聚合体系。此外，红外光谱法也可作为辅助手段，测定产物分子链中特征官能团浓度的变化。

（二）化学分析法

滴定法是常用的化学分析法，可测定反应体系中残留的官能团数目，在缩聚反应中可同时测得反应程度和数均聚合度。例如，在聚氨酯的反应中，异氰酸酯的浓度就可以通过滴定法测得。

（三）黏度法

黏度法利用了在一定温度下黏度与聚合物的浓度和分子量有很大关系，聚合体系黏度的增加反映了转化率的增加，自由基本体聚合和缩聚反应中常见相对黏度法控制反应过程，但要掌握黏度和转化率之间的定量关系，还需要与通过其他方法获得的校正曲线作对照。

（四）折射率法

运用测定折射率来跟踪聚合反应是一种既简单又快速的方法，它的原理是聚合物与单体的链结构不同，且高分子还存在凝聚态结构，从而在宏观上表现出不同的折射率。测定聚合物 — 单体混合体系的折射率，根据一定的换算关系，可获得单体转化率数据。

在高分子研究的早期，因实验条件的限制，经常采用称重法和膨胀计法。简单来说，称重法是称量反应生成的聚合物，膨胀计法是根据烯类单体聚合后的体积与转化率存在一定的对应关系，测定聚合反应过程中的体积变化。这两种方法由于现代分析仪器的推广，且影响测试结果的因素较多，已很少使用。

二、聚合产物的纯化

高分子聚合反应结束后，首先面临的问题是如何有效地纯化聚合产物。聚合物纯化前，需要先从反应体系中分离。对本身能从反应混合物中沉淀出来的聚合物，可直接进行过滤和离心分离。如果聚合物溶于反应混合物，则多先用沉淀剂使聚合物沉淀出来，再进行过滤和干燥。理想的沉淀剂既能使聚合物完全沉淀，又能与单体、溶剂、各种添加剂及反应副产物互溶，沉淀剂沸点应较低，这样便于后期从聚合物中除去，沉淀剂的用量为反应混合物的 4 ～ 10 倍，沉淀时一般使用磁力搅拌。采用多次沉淀法可获得更为满意的结果。

分离得到的聚合物可以进一步纯化，通常采用的方法有洗涤、萃取、重沉淀和冷冻干燥等。干燥时要先将聚合物样品弄碎，沉淀分离时尽量使其呈粉末状，松散且不缠结。聚合物多在真空烘箱中进行中低温干燥，干燥温度一般不超过 50 ℃。对于进行结构分析的样品，注意避免在干燥过程中引入二次杂质如空气中的灰尘、烘箱中的杂质气体，以免污染样品。

三、聚合产物的结构表征

高分子合成的聚合物要进行结构表征，如分子量、纯度和官能团的测定等。若合成一种新的聚合物，还应先检测其在各种试剂中的溶解特性。

分子量是高分子区别于小分子最本质的结构特征，也是最基本的结构参数之一。聚合物分子量的测定有绝对法和相对法两大类，常见的光散射法、膜渗透压法、离心法和端基分析法都属于绝对法；黏度法、气相渗透法（VPO）及凝胶渗透色谱都属于相对法，该法需要采用已知分子量的物质作为参比，来确定未知聚合物的分子量。值得注意的是，各种方法测得的聚合物分子量因测定原理的不同，分别得到不同类型的分子量，如端基滴定法测得的是数均分子量，光散射法测得的是重均分子量，GPC 法主要是测得数均和重均分子量，黏度法测得的是黏均分子量。

除分子量的测定外，还需要对合成的聚合物进行成分和结构表征。可根据反应原理利用红外光谱（FTIR）初步分析官能团的变化；还可通过元素分析确定其大致的组成；结合紫外光谱、核磁共振（NMR）及气相色谱—质谱联用（GC-MS）等技术手段分析其详细的链结构；利用原子力显微镜（AFM）、扫描电子显微镜（SEM）和透射电子显微镜（TEM）分析其微观结构；利用差示扫描量热法（DSC）和 X 射线衍射（XRD）测量聚合物的结晶行为。

四、聚合产物的性能表征

高分子的性能表征主要涉及聚合物的热稳定性能及成型后的力学行为、光学性能和电学性能。目前，已经可以采用不同的技术手段，较好地对聚合物的性能进行表征。

聚合物在受热过程中通常会产生两种变化：一是物理变化，包括软化、熔融；二是化学变化，包括交联、降解和分解等。表征这些变化的温度参数是玻璃化温度、熔融温度、热分解温度和结晶温度等。聚合物的玻璃化温度、结晶温度受其分子的链结构影响很大，常用差示扫描量热法测得，热分解温度则常用热重分析（TGA）测得。需要注意的是，新合成的聚合物要先测 TGA，确定热降解温度后再测 DSC，以免在降解过程中产生挥发，污染 DSC 仪器。

高分子的力学行为主要指拉伸性能、弯曲性能和抗冲击性能，部分材料还要考察压缩性能和蠕变性能等。高分子的性能与其成型方式也有很大的关系，在实验室中，常见的成型方式有：浇铸成膜、热压成膜、挤出成型和注塑成型等。由于聚合物材料的力学性能千差万别，故无论哪种成型方式，要正确检测其力学性能都要根据高分子的特性选择适当的测试标准。例如，在拉伸性能测试中，塑料常用的拉伸速度一般较低，不高于 10 mm/min；弹性体的拉伸速度较高，通常为 200 ～ 500 mm/min。即使同一种材料，采用不同的标准检测，由于测试方法和样品尺寸等不同，测得的数据也是完全不同的。以橡胶为例，其拉伸强度和拉断伸长率用小试样试验的结果，通常比用大试样试验稍高些。

另外，聚合物的光学性能主要指材料的透光率和吸光性能，主要采用紫外 — 可见分光光度法测量。

绝大多数聚合物都是优良的绝缘体，在电工电子器件中应用广泛。聚合物常用介电常数来评价其电学和物理性能，测试方法如下：采用 Agilent LCR 表 / 阻抗分析仪和 Agilent 16451B 介电测试仪测试介电常数和损耗角正切。聚合物镀上电极后，采用接触电极法从等效并联电容 — 损耗因素（C-D）测量结果求出介电常数。此外，聚合物的压电效应（如聚偏氟乙烯的铁电性）也是其电学性能被应用的一个例子。

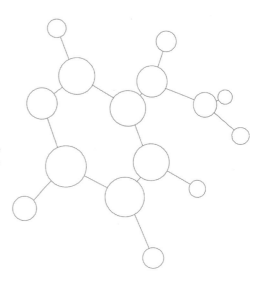

第二章
高分子合成及改性实验

实验一　单体、引发剂和溶剂的精制

一、实验目的

① 了解苯乙烯、甲基丙烯酸甲酯（MMA）等单体及过氧化二苯甲酰、偶氮二异丁腈等引发剂的商品组成、特点及精制的意义。

② 掌握在实验室中苯乙烯、甲基丙烯酸甲酯、过氧化二苯甲酰、偶氮二异丁腈等进行精制的常用方法和操作规程。

③ 学会使用并能够熟练操作实验中用到的各种仪器。

二、实验原理

高分子合成中常用的单体，如苯乙烯、乙酸乙烯酯、甲基丙烯酸甲酯等，一般都含有阻聚剂，用含有阻聚剂的单体进行聚合，反应通常不能顺利进行，宏观上表现为有较长的诱导期，严重时甚至不发生生成高分子的聚合反应；微观上表现为引发剂分解产生的初级自由基与阻聚剂反应生成非自由基物质，或形成活性低、不再具有引发聚合能力的自由基，导致聚合反应完全停止。只有当阻聚剂被消耗完且体系中尚有多余的引发剂时，聚合反应才有可能发生并生成高分子化合物。此时引入的引发剂不是全部被用来生成高分子，引发效率降低，聚合速率减慢，且不利于对合成的高分子的分子量及配方进行设计与控制，严重时还会发生安全生产事故，造成财产损失和人员伤亡，因此要培养细心严谨的作风，树立安全理念，避免事故的发生。

在聚合前，需要对单体及引发剂等进行精制，以脱除阻聚剂和微量杂质，尽量减少对聚合的不利影响。

为防止单体在精制、贮存和运输过程中受到热、光、辐射、机械等作用引发聚合，通常需添加一定量的阻聚剂（多为对苯二酚），且市售商品中一般还含有少量的水，这都是需要除去的杂质。例如，甲基丙烯酸甲酯是合成有机玻璃的单体，在光、热等条件下容易聚合，因此购买的甲基丙烯酸甲酯里都含有少量阻聚剂，故需用稀碱溶液除去阻聚剂。另外，在生产及贮存过程中也会混入水等杂质，以及单体自身可能产生的一些聚合物，这些杂质也都须除去。引发剂含有少量自身分解的杂质，如常用的引发剂过氧化二苯甲酰在贮存过程中会发生少量分解，产生过氧化苯甲酸、苯甲酸苯酯等杂质。过氧化二苯甲酰能在室温下很好地结晶，因此可以用重结晶的方法除去其中混有的杂质。

（一）单体的精制

固体单体常用的纯化方法为结晶和升华，液体单体可采用减压蒸馏等方法进行纯化，也可以用制备色谱分离法纯化单体。单体中的杂质可采用下列措施除去。

① 酸性杂质（包括阻聚剂酚类）用稀碱溶液洗涤除去，碱性杂质（包括阻聚剂苯胺）可用稀酸溶液洗涤除去。

② 单体中的水分可用干燥剂除去，如无水氯化钙、无水硫酸钠、氢化钙等。

③ 单体通过活性氧化铝、分子筛或硅胶柱的作用，其中含羰基和羟基的杂质可除去。

④ 采用减压蒸馏法除去单体中难挥发的杂质。

（二）引发剂的精制

在聚合温度下容易产生自由基的化合物皆可作为自由基聚合的引发剂，从分子结构来看，它们具有弱的共价键。聚合温度处于 40 ~ 100 ℃，引发剂的离解能应为 100 ~ 170 kJ/mol，过高或过低将导致引发剂分解太快或太慢。

自由基聚合的引发剂有以下几种类型。

① 偶氮类引发剂，常用的有偶氮二异丁腈（AIBN，用于 40 ~ 65 ℃ 聚合）和偶氮二异庚腈，后者半衰期较短。

② 有机过氧化物，最常用的是过氧化二苯甲酰（BPO，用于 60 ~ 80 ℃ 聚合），还有过氧化二异丙苯、过氧化二特丁基和过氧化二碳酸二异丙酯。

以上两种引发剂为油溶性，适用于本体聚合、悬浮聚合和溶液聚合。

③ 无机过氧化物，如硫酸钾和过硫酸铵，这类引发剂溶于水，适用于乳液聚合和水溶液聚合。

④ 氧化还原引发剂，活化能低，可以在较低的温度（0 ~ 50 ℃）引发聚合反

应。水溶性的氧化剂有过硫酸盐、过氧化氢，还原剂有 Fe^{2+}、$Na_2S_2O_3$ 和草酸；油溶性的氧化剂有氢氧化物、过氧化二烷基，还原剂有叔胺、硫醇等。

自由基聚合对溶剂没有过高的要求，但是对离子型聚合而言，则要求溶剂绝对无水。阴离子聚合常使用四氢呋喃（THF）作为溶剂，THF 长期放置产生的过氧化物能终止阴离子聚合反应，因而需要用适当的还原剂除去这些氧化物。

（三）溶剂的精制和干燥

普通分析纯溶剂可满足自由基聚合和逐步聚合反应的需要，乳液聚合和悬浮聚合可用蒸馏水作为反应介质。离子型聚合反应对溶剂的要求很高，必须精制和干燥溶剂，做到完全无水、无杂质。

溶剂的彻底干燥需要在隔绝潮湿空气的条件下进行。处理好的溶剂存放时间较长，会吸收湿气，因此最好使用刚刚处理好的溶剂。

本实验可根据教学计划，选择其中的几种进行。

三、实验试剂与仪器

（一）实验试剂

实验试剂包括苯乙烯、氢氧化钠溶液、无水硫酸钠、无水硫酸钙、乙酸乙烯酯、亚硫酸氢钠（$NaHSO_3$）溶液、碳酸钠（Na_2CO_3）溶液、去离子水、甲基丙烯酸甲酯、过氧化二苯甲酰、氯仿、甲醇、偶氮二异丁腈、乙醇、过硫酸钾、四氢呋喃、碘化钾、盐酸、淀粉、钠、二苯甲酮、氢氧化钾（KOH）、新制氯化铜（$CuCl_2$）、N,N- 二甲基甲酰胺、苯。

（二）实验仪器

实验仪器包括分液漏斗、量筒、pH 试纸、棕色细口瓶、布氏漏斗、滤纸、玻璃棒、烧杯、锥形瓶、温度计、磁子、磁力加热搅拌器、直形冷凝管、回流冷凝管、燕尾管、单口烧瓶、真空循环水泵、蒸馏头、棕色广口瓶、表面皿、三口烧瓶、球形冷凝管、恒温水浴锅、真空烘箱。

四、实验步骤

（一）甲基丙烯酸甲酯的精制

甲基丙烯酸甲酯是无色透明的液体，沸点为 100.3～100.6 ℃，熔点为 -48.2 ℃，纯品比重为 0.936（20/4 ℃），折光率 n_{D20}=1.4136，微溶于水，易溶于乙醇和乙醚等有机溶剂。

向 150 mL 的单口烧瓶加入 80 mL 甲基丙烯酸甲酯和磁子。将单口烧瓶安装在磁力加热套上，一次安装好温度计、直形冷凝管、燕尾管、单口烧瓶、真空循环水泵。开启冷凝水，开启真空循环水泵，开启磁力加热搅拌器，观察温度，收集 46 ℃/13.3 kPa 下的馏分。储存在棕色细口瓶中，置于冰箱中，保存备用。

（二）苯乙烯的精制

检查分液漏斗是否漏水。量取 70 mL 苯乙烯加入分液漏斗中，加入约 15 mL 氢氧化钠溶液，振荡洗涤，固定至铁圈，静置 5 ～ 10 min，分层。分去下层水溶液，重复洗涤步骤数次直至单体无色。用去离子水洗涤以除去微量碱，洗至洗液中性。将分离出的单体置于锥形瓶中，并加入少量无水硫酸钠，放置至液体透明。经过过滤，将其储存在棕色细口瓶中，置于冰箱中，保存备用。

（三）乙酸乙烯酯的精制

检查分液漏斗是否漏水。向分液漏斗中加入 60 mL 乙酸乙烯酯，用 12 mL 饱和 $NaHSO_3$ 溶液充分洗涤三次。用 20 mL 蒸馏水洗涤一次，用 12 mL 10% Na_2CO_3 溶液分两次洗涤。用蒸馏水洗至中性，将分离出的单体置于锥形瓶中，并加入少量无水硫酸钠，放置至液体透明。过滤，储存在棕色细口瓶中，置于冰箱中，保存备用。

（四）过氧化二苯甲酰的精制

取一个 250 mL 锥形瓶，加入 7 g 过氧化二苯甲酰和 60 mL 氯仿，室温下用玻璃棒搅拌使过氧化二苯甲酰溶解，过滤。将滤液滴入已用冰水冷却的 100 mL 甲醇中，出现针状结晶。使用布氏漏斗过滤针状结晶体 / 甲醇混合物，并用冷的甲醇洗涤结晶体。将结晶物置于真空烘箱中干燥，称重，储存在棕色广口瓶中，低温保存。

（五）偶氮二异丁腈的精制

在装有回流冷凝管的 250 mL 三口烧瓶中加入磁子、100 mL 95% 乙醇，于恒温水浴锅上加热到接近沸腾。迅速加入 10 g 偶氮二异丁腈，搅拌，使其全部溶解。将热溶液迅速抽滤，冷却滤液，得到白色结晶体，抽滤。将结晶体置于真空烘箱中干燥，称重，储存于棕色广口瓶中，低温保存。

（六）过硫酸钾的精制

取 10 g 过硫酸钾放于 100 mL 三口烧瓶中，于 40 ℃ 水浴中加热，电磁搅拌下加入极少量的去离子水使其溶解（如有不溶物加以过滤），然后于冰箱中冷却 30 min，溶液中析出结晶体。过滤，用冰水洗涤，再用少量无水乙醇洗涤，将结晶体置于真空烘箱内，减压除去溶剂，放在冰箱中保存。

（七）四氢呋喃的精制

四氢呋喃的常压沸点为 66 ℃，密度为 0.8892 g/cm³（20 ℃），折光率为 1.4071（20 ℃），储存时间长易产生过氧化物。取 0.5 mL 四氢呋喃，加入 1 mL 10% 碘化钾溶液和 0.5 mL 稀盐酸，混合均匀后，再加入几滴淀粉溶液，振摇 1 min，若溶液显色，表明溶剂中含有四氢呋喃。它的纯化过程如下：

首先，50 mL 四氢呋喃用固体 10 g KOH 浸泡数天，过滤，进行初步干燥。

其次，向四氢呋喃中加入新制的 15 g CuCl₂，回流数小时后，除去其中的过氧化物，蒸馏出溶剂。

最后，加入 2 g 钠丝或钠块，以二苯甲酮为指示剂，回流至深蓝色。

（八）N, N-二甲基甲酰胺的精制

N, N-二甲基甲酰胺的常压沸点为 153 ℃，密度为 0.9437 g/cm³（20 ℃），折光率为 1.4297（20 ℃），与水互溶，150 ℃ 时缓慢分解，生成二甲胺和一氧化碳。在碱性试剂存在下，室温即可发生分解反应。因此不能用碱性物质作为干燥剂。它的纯化过程如下。

将溶剂用无水硫酸铜初步干燥后，减压蒸馏，如此纯化的溶剂可供大多数实验使用。若溶剂含有大量水时，可将 250 mL N, N-二甲基甲酰胺和 30 g 苯混合，于 140 ℃ 蒸馏出水和苯。纯化好的 N, N-二甲基甲酰胺应该避光保存。

五、数据处理

计算精制产品的产率。

六、注意事项

① 精制过氧化二苯甲酰时，在晶体析出的时候要注意饱和溶液，否则很容易损失产品，导致产率过低。

② 过氧化二苯甲酰应在室温下溶解，不能加热，否则容易引起爆炸，所以应特别注意。

③ 甲醇有毒，可以用乙醇代替。丙酮和乙醚对过氧化物有诱发分解作用，所以不适合作重结晶的溶剂。

④ 精制四氢呋喃要用新制氯化铜。

⑤ 金属钠容易燃烧，使用时要注意安全。

七、分析与思考

① 商品中的烯类单体为什么要加入阻聚剂？

② 如何检测单体的纯度？

③ 为什么需要在较低温度下进行引发剂的精制？

④ 对于自由基聚合，引发剂的选用应遵循哪些原则？

实验二　甲基丙烯酸甲酯的本体聚合

一、实验目的

① 用本体聚合的方法制备有机玻璃（PMMA），了解聚合原理和特点，特别是了解温度对产品性能的影响。

② 掌握有机玻璃棒制备技术，要求制备品无气泡、无损缺、透明光洁。

二、实验原理

本体聚合又称为块状聚合，它是在没有任何介质的情况下，单体本身在微量引发剂的引发下聚合，或者直接在热、光、辐射线的照射下引发聚合。本体聚合的优点是生产过程比较简单，聚合物不需要后处理，可直接聚合成各种规格的板、棒、管制品，所需的辅助材料少，产品比较纯净。但是，由于聚合反应是一种连锁反应，反应速度较快，在反应某一阶段出现自动加速现象，反应放热比较集中，又因为体系黏度较大，传热效率很低，所以大量热不易排出，因而易造成局部过热，产品变黄，出现气泡，影响产品质量和性能，甚至会引起单体沸腾爆聚，使聚合失败。因此，本体聚合中严格控制不同阶段的反应温度，及时排出聚合热，乃是聚合成功的关键问题。

$$n\ H_2C{=}\underset{\underset{CH_3}{|}}{C}{-}COOCH_3 \xrightarrow{BPO} \underset{\underset{COOCH_3}{|}}{\left(\!\!\underset{}{C}\!-\!\underset{\underset{CH_3}{|}}{\overset{\overset{H_2}{}}{C}}\!\!\right)}_{\!n}$$

　　当本体聚合至一定阶段后，体系黏度大大增加，这时大分子活性链移动困难，但单体分子的扩散并未受到太大的影响，因此，链引发、链增长仍然照样进行，而链终止反应因为黏度大而受到很大的抑制。这样，在聚合体系中活性链总浓度就不断增加，结果必然使聚合反应速度加快。又因为链终止速度减慢，活性链寿命延长，所以产物的相对分子质量随之增加。这种反应速度加快，产物相对分子质量增加的现象称为自动加速现象（或称凝胶效应）。反应后期，单体浓度降低，体系黏度进一步增加，单体和大分子活性链的移动都很困难，因而反应速度减慢，产物的相对分子质量也降低。因此，聚合产物的相对分子质量不均一性（相对分子质量分布宽）更为突出，这是本体聚合本身的特点造成的。

　　由于不同单体的聚合热不同、大分子活性链在聚合体系中的状态（伸展或卷曲）不同，凝胶效应出现的早晚就不同，程度也不同。并不是所有单体都能选用本体聚合的实施方法，对于聚合热值过大的单体，由于热量排出更为困难，不宜采用本体聚合，一般选用聚合热适中的单体，以便生产操作的控制。甲基丙烯酸甲酯和苯乙烯的聚合热分别为 56.5 kJ/mol 和 69.9 kJ/mol，其聚合热是比较适中的，工业上已有大规模生产。大分子活性链在聚合体系中的状态，是影响自动加速现象出现时间的重要因素。比如，在聚合温度 50 ℃ 时，甲基丙烯酸甲酯聚合出现自动加速现象时的转化率为 10% ～ 15%，而苯乙烯在转化率为 30% 以上时，才出现自动加速现象。这是因为甲基丙烯酸甲酯对它的聚合物或大分子活性链的溶解性能不太好，大分子在其中呈卷曲状态，而苯乙烯对它的聚合物或大分子活性链的溶解性能要好些，大分子在其中呈现比较伸展的状态。以卷曲状态存在的大分子活性链，其链端容易包在活性链的线团内，这样活性链链端就被屏蔽起来，使链终止反应受到阻碍，因而其自动加速现象出现得较早。由于本体聚合有上述特点，在反应配方及工艺选择上必然使引发剂浓度和反应温度较低，反应速度比其他聚合方法低，反应条件有时随不同阶段而异，只有操作控制严格，才能得到合格的制品。

三、实验试剂与仪器

（一）实验试剂

甲基丙烯酸甲酯（新蒸）、过氧化二苯甲酰（精制）、邻苯二甲酸二丁酯。

（二）实验仪器

水浴锅、锥形瓶、试管、试管夹、烘箱。

四、实验步骤

（一）预聚

将称好的 20 g 甲基丙烯酸甲酯和 0.03 g 过氧化二苯甲酰引发剂放入 100 mL 锥形瓶中摇匀，溶解，瓶口包一块玻璃纸，用橡皮圈扎紧，放在 80 ～ 90 ℃ 水浴锅中加热，不断摇动锥形瓶，直到液体呈黏稠状（此时转化率约为 10%），然后将锥形瓶用冷水冷却至室温，加入 1 mL 邻苯二甲酸二丁酯，搅拌均匀。

（二）浇铸

将预聚好的物料注入试管中，灌浆时要小心，不要溢至模外，不要全灌满，稍留一点空间，以免加热膨胀而溢出，甚至将模具胀裂。

（三）加热聚合

将试管放入 40 ℃ 水浴锅或烘箱中，聚合约 20 h（若用烘箱一定要注意烘箱的温度控制情况），然后升温到 100 ～ 110 ℃ 聚合 1 ～ 2 h，用冷水冷却至室温，将试管打破，得到试管形状的棒材。若浇注时放入花、虫等物品，则为市售的"人工琥珀"。

五、数据处理

计算合格产品的产率。

六、注意事项

① 在预聚阶段防止水浴温度急剧升高引起爆聚。

② 灌模过程中注意防止气泡产生。

③ 实验所用过氧化物类引发剂若受到撞击、强烈研磨，极易燃烧、爆炸。取用时，盛引发剂的容器要轻拿、轻放，每次用量稍少，取用时撒落的，要及时收拾干净。

七、分析与思考

① 本体聚合与其他各种聚合方法相比，有什么特点？

② 制备有机玻璃时，为什么需要首先制成具有一定黏度的预聚物？

③ 在本体聚合反应过程中，为什么必须严格控制不同阶段的反应温度？

④ 凝胶效应进行完毕后，提高反应温度的目的何在？

⑤ 制品中的气泡、裂纹等是如何产生的？如何防止？

实验三　丙烯酰胺水溶液聚合

一、实验目的

① 掌握丙烯酰胺溶液聚合的方法和原理。

② 了解选择溶剂和引发剂的一般原则。

③ 掌握聚合物的处理方法。

二、实验原理

将单体溶于溶剂中进行聚合的方法叫溶液聚合。生成聚合物有的溶解，有的不溶，前者称为均相聚合，后者称为沉淀聚合。自由基聚合、离子型聚合和缩聚均可用溶液聚合的方法。

在沉淀聚合中，由于聚合物处于非良溶剂中，聚合物链处于卷曲状态，端基被包裹，聚合一开始就出现自动加速现象，不存在稳态阶段。随着转化率的提高，包裹程度加深，自动加速效应也相应增强，沉淀聚合的动力学行为与均相聚合有明显不同。均相聚合时，依据双基终止机理，聚合速率与引发剂浓度的平方根成正比。而沉淀聚合一开始就是非稳态，随包裹程度的加深，其只能单基终止，故聚合速率将与引发剂浓度的一次方成正比。

在均相溶液聚合中，由于聚合物处于良溶剂环境中，呈比较伸展状态，包裹程度浅，链扩散容易，活性端基容易相互靠近而发生双基终止。只有在高转化率时，才开始出现自动加速现象，若单体浓度不高，则有可能消除自动加速效应，使反应遵循正常的自由基聚合动力学规律。因而溶液聚合是实验室中研究聚合机理及聚合动力学等常用的方法之一。

进行溶液聚合时，由于溶剂并非完全是惰性的，其对反应会产生各种影响，选择溶剂时应考虑以下 3 个问题。

一是对引发剂分解的影响。偶氮类引发剂的分解速率受溶剂影响较小，但溶剂对有机过氧化物引发剂有较大的诱导分解作用。这种作用按下列顺序依次增大：芳烃、烷烃、醇类、醚类、胺类。诱导分解的结果使引发效率降低。

二是溶剂的链转移作用。链自由基可能会夺取溶剂分子中的氢或氯等原子发生链转移，结果导致聚合物分子量下降。溶剂分子提供这种原子的能力越强，链转移作用就越强。

三是对聚合物的溶解能力。溶剂的溶解性能控制活性链的形态（卷曲或舒展）及其黏度，进一步控制聚合物的链终止速率及分子量分布。

与本体聚合相比，溶液聚合具有体系黏度低、混合及传热容易、反应均匀、温度易控的优点。缺点是有机溶剂成本高、污染大、回收困难。溶液聚合一般用于聚合物溶液直接使用的场合，如涂料、胶黏剂、浸渍剂、纺丝液及预聚物反应液等。

丙烯酰胺为水溶性单体，其聚合物也溶于水。本实验采用水为溶剂进行溶液聚合，其优点是价廉、无毒、链转移常数小，对单体和聚合物溶解性能好，为均相聚合。

聚丙烯酰胺是一种优良的絮凝剂，水溶性好，被广泛用于石油开采、选矿、化学工业和污水处理等方面。

三、实验试剂与仪器

（一）实验试剂

丙烯酰胺、甲醇、过硫酸铵、蒸馏水。

（二）实验仪器

三口烧瓶、球形冷凝管、温度计、水浴锅、布氏漏斗、表面皿、搅拌器、烧杯、真空烘箱。

四、实验步骤

在 250 mL 三口烧瓶中间口装上搅拌器，在一个侧口装上温度计，另一个侧口装上球形冷凝管。将 10 g（0.14 mol）丙烯酰胺和 90 mL 蒸馏水加入反应瓶中，开动搅拌，用水浴锅加热至 30 ℃ 使单体溶解。然后把溶解于 10 mL 蒸馏水中的 0.05 g 过硫酸铵从球形冷凝管上口加入反应瓶中，并用 5 mL 蒸馏水冲洗球形冷凝管。逐步升温至 90 ℃（注意升温速度不要过快），聚合物便逐渐生成。在 90 ℃ 下反应 1～2 h。反应完毕后，将所得产物倒入盛有 150 mL 甲醇的 500 mL 烧杯中，边倒边搅拌，这时聚丙烯酰胺便沉淀出来。静置片刻，向烧杯中加入少量甲醇，观察是否仍有沉淀生成。若还有，则可再加少量甲醇，使聚合物沉淀完全，然后用布氏漏斗抽滤。将沉淀物用少量甲醇洗涤三次后，转移到表面皿上，在 30 ℃ 真空烘箱中干燥至恒重。称重，计算产率。

五、数据处理

计算产品的产率。

六、注意事项

① 甲醇沉淀、洗涤样品过程在通风橱中操作。
② 溶解丙烯酰胺时温度不宜超过 30 ℃。

七、分析与思考

① 进行溶液聚合时，在选择溶剂方面应注意哪些问题？
② 工业上在什么情况下采用溶液聚合？
③ 溶液聚合制备聚丙烯酰胺的关键步骤有哪些？

实验四　乙酸乙烯酯的乳液聚合

一、实验目的

① 掌握实验室制备乙酸乙烯酯乳液的方法。
② 了解乳液聚合的配方及乳液聚合中各个组分的作用。
③ 参照实验现象对乳液聚合各个过程的特点进行对比、认证。

二、实验原理

在乳液聚合中，有两种粒子成核过程，即胶束成核和均相成核。乙酸乙烯酯是水溶性较大的单体，28 ℃时在水中的溶解度为 2.5%，因此它主要以均相成核形成乳胶粒。所谓均相成核，即水相聚合生成的短链自由基在水相中沉淀出来，沉淀粒子从水相和单体液滴吸附乳化剂分子而稳定，接着又扩散进入单体，形成乳胶粒沉淀。

乙酸乙烯酯乳液聚合最常用的乳化剂是非离子型乳化剂聚乙烯醇。聚乙烯醇主要起保护胶体作用，防止粒子相互合并。由于其不带电荷，对环境和介质的 pH 不敏感，但是形成的乳胶粒较大。而阴离子型乳化剂，如烷基磺酸钠（RSO_3Na，R=C12—C18）或烷基苯磺酸钠（$RPhSO_3Na$，R=C7—C14），由于乳胶粒外负电荷的相互排斥作用，使乳液具有较大的稳定性，形成的乳胶粒子小、黏度大。

实验将非离子型乳化剂和离子型乳化剂按一定比例混合使用，以提高乳化效果和乳液的稳定性。非离子型乳化剂使用聚乙烯醇和 OP-10（十二烷基酚聚氧乙烯醚），主要起保护胶体作用；而离子型乳化剂选用十二烷基磺酸钠，可减小粒径，提高乳液的稳定性。聚乙酸乙烯酯广泛应用于建材、纺织、涂料等领域，主要作为黏合剂使用。其乳液聚合物俗称白乳胶，有较好的黏结性，对其要求是黏度低、固含量高、乳液稳定。聚合反应采用过硫酸盐为引发剂，按自由基聚合的反应历程进行聚合，主要聚合反应式如下。

$$ \overset{O}{\underset{O}{\overset{\|}{\underset{\|}{O-S}}}}-O-O-\overset{O}{\underset{O}{\overset{\|}{\underset{\|}{S}}}}-O^- \xrightarrow{\triangle} 2\ \overset{O}{\underset{O}{\overset{\|}{\underset{\|}{O-S}}}}-O\cdot $$

$$ R\cdot + CH_2{=}CH \longrightarrow RCH_2CH\cdot + CH_2{=}CH \longrightarrow \sim\sim\sim CH_2CH\cdot $$
$$ \underset{OCOCH_3}{}\qquad \underset{OCOCH_3}{}\qquad \underset{OCOCH_3}{}\qquad \underset{OCOCH_3}{} $$

$$ 2\sim\sim\sim CH_2CH\cdot \longrightarrow \sim\sim\sim CH_2CH_2 + \sim\sim\sim CH{=}CH $$
$$ \underset{OCOCH_3}{}\qquad\qquad \underset{OCOCH_3}{}\qquad \underset{OCOCH_3}{} $$

为使反应平稳进行，单体和引发剂均需分批加入。聚合反应分为两步加料：第一步加入少许的单体，引发剂和乳化剂进行预聚合，可生成颗粒很小的乳胶粒子。第二步继续滴加单体和引发剂，在一定的搅拌条件下使其在原来形成的乳胶粒子上继续长大。由此得到的乳胶粒子不仅粒度较大，而且分布均匀。这样保证了乳胶在高固含量的情况下，仍具有较低的黏度。

乙酸乙烯酯也可以与其他单体共聚合制备性能更优异的聚合物乳液，如与氯乙烯单体共聚合可改善聚氯乙烯的可塑性或改良其溶解性；与丙烯酸共聚合可改善乳液的黏结性能和耐碱性。

三、实验试剂与仪器

（一）实验试剂

乙酸乙烯酯、聚乙烯醇 -1788、十二烷基磺酸钠、OP-10、过硫酸铵、碳酸氢钠、去离子水、邻苯二甲酸二丁酯、广泛 pH 试纸。

（二）实验仪器

机械搅拌器、三口烧瓶、球形冷凝管、温度计、水浴锅、布氏漏斗、表面皿、100 mL 滴液漏斗。

四、实验步骤

（一）搭装置

固定三口烧瓶于铁架台，瓶底不能碰触水浴锅底。装搅拌系统时，搅拌杆不能碰触瓶底。装冷凝管时，冷凝管通冷却水。手动转动搅拌杆，使搅拌杆转动正常，没有较大阻力。

（二）投底料

取 5.0 g OP-10、1 g 十二烷基磺酸钠、25 mL 20 %（质量分数）聚乙烯醇 / 水溶液和 65 mL 去离子水加入烧杯中，充分溶解分散后转移至三口烧瓶中。取 7.0 g 乙酸乙烯酯加入三口烧瓶，开动搅拌，使体系充分乳化。取 0.4 g 过硫酸铵、0.26 g 碳酸氢钠加入三口烧瓶，充分溶解。取 63.0 g 乙酸乙烯酯加入恒压滴液漏斗，将恒压滴液漏斗连接到装置上。

（三）反应

开动搅拌，反应开始前，体系黏度较低，澄清透明。开启加热，逐步升温至 70 ℃。随着反应进行，三口烧瓶内开始出现明显蓝光，表明乳胶粒形成。向三口烧瓶内滴加剩余的乙酸乙烯酯单体，2 h 内滴加完毕，剩余的乙酸乙烯酯单体滴加完毕后，三口烧瓶内部已经转变为白色乳液状。为了提高单体转化率，滴加完毕后继续搅拌，保温反应 0.5 h。反应结束后，撤除恒温水浴锅，加入 1 mL 邻苯二甲酸二丁酯，继续搅拌冷却至室温。

五、数据处理

（一）固含量测定

在已知重量的培养皿中倒入约 2 g 乳液并准确记录乳液质量，于 105 ℃ 烘箱内干燥至质量恒定，称重并计算干燥后的乳液质量，计算乳液固含量：

$$固含量 = \frac{m_2 - m_0}{m_1 - m_0} \times 100\% \qquad (2\text{-}1)$$

式中：m_0 为培养皿质量；m_1 为干燥前样品质量与培养皿质量之和；m_2 为干燥后样品质量与培养皿质量之和。

（二）转化率的测定

$$转化率 = \frac{m_c - S \times m_b / m_a}{G \times m_b / m_a} \times 100\% \qquad (2\text{-}2)$$

式中：m_c 为取样干燥后的样品固含量；S 为实验中加入的乳化剂、引发剂、增塑剂总质量；m_a 为四口瓶内体系总质量；m_b 为取样湿质量；G 为实验中乙酸乙烯酯单体加入总质量。

（三）pH 测定

以 pH 试纸测定乳液 pH。

六、注意事项

① 滴加乙酸乙烯酯时要注意速度不宜太快，可控制在 7 ～ 10 s/ 滴。

② 乳液体系是热力学不稳定的，所以操作时要小心，搅拌速度不要太快，否则易破乳，也不能太慢，否则易凝聚。

③ 加入乳化剂后，一定要使其充分溶解再加单体，此时还要搅拌一定的时间以保证单体充分乳化后再加引发剂。

④ 邻苯二甲酸二丁酯用量不可过多，不要超过单体质量的 10%，否则白乳胶成品的胶黏性下降明显，且成本增加。它的主要作用是增加乳液的韧性和降低乳液的成膜温度。

七、分析与思考

① 如何从聚合物乳液中分离出固体聚合物？为什么要严格控制单体滴加速度

和聚合反应温度？

② 以过硫酸盐为引发剂进行乳液聚合时，为什么要控制体系的 pH？如何控制？

③ 乙酸乙烯酯的乳液聚合与理想的乳液聚合有哪些不同？

实验五　苯丙乳液聚合

一、实验目的

① 了解以苯乙烯、丙烯酸酯类为单体，针对目标产物进行聚合实验设计的基本原理。

② 了解对不同聚合机理、聚合方法的选择及确定。

③ 掌握实验室制备苯丙乳液的聚合方法。

二、实验原理

两种或两种以上的单体参加的聚合反应称为共聚。共聚是增加聚合物品种、改善聚合物性能的主要手段之一。两种单体共聚时，由于两种单体竞聚率乘积的不同，聚合反应可分为理想共聚、交替共聚、非理想共聚和"嵌段"共聚。不同的共聚反应类型的共聚物组成的控制各有不同。对有恒比共聚点的体系，在恒比共聚点投料，控制转化率可合成组成恒定的共聚乳液。根据要合成的共聚乳液的组成选择补加单体的投料方法也可合成组成恒定的共聚乳液。苯乙烯和丙烯酸丁酯共聚 60 ℃时，$r_1=0.698$，$r_2=0.164$。

苯乙烯、丙烯酸丁酯都是按照连锁聚合中的自由基聚合机理进行聚合的。聚合方法可根据需要采用本体聚合、溶液聚合、悬浮聚合和乳液聚合。

以丙烯酸（酯）、甲基丙烯酸酯及苯乙烯等乙烯基类单体为主要原料合成的共聚物，称为丙烯酸树脂。从组成上划分，丙烯酸树脂包括纯丙树脂、苯丙树脂、硅丙树脂、氟丙树脂、叔丙（叔碳酸酯 — 丙烯酸酯）树脂等。苯丙乳液作为一类重要的中间化工产品，有非常广泛的用途，现已用作建筑涂料、金属表面胶乳涂料、地面涂料、纸张黏合剂等，具有无毒、无味、不燃、污染少、耐候性好等优点。苯乙烯及丙烯酸类单体在水相中溶解度很小，主要以胶束成核，乳化剂可以使互不相溶的单体 — 水转变为稳定的不分层的乳液。实验以苯乙烯、丙烯酸丁酯、丙烯酸为原料，以过硫酸铵为引发剂，以十二烷基硫酸钠和 OP-10 为乳化剂，以水为分散介质进行乳液聚合。

三、实验试剂与仪器

（一）实验试剂

苯乙烯、丙烯酸丁酯、丙烯酸、十二烷基苯磺酸钠、过硫酸铵及氨水、去离子水。

（二）实验仪器

三口烧瓶、冷凝管、恒压滴液漏斗、水浴锅、搅拌器、天平、锥形瓶、NDJ-8S 旋转黏度计、布鲁克海文激光粒度仪。

四、实验步骤

（一）搭建实验装置

固定三口烧瓶，瓶底不能碰触水浴锅底；装搅拌桨，搅拌杆不能碰触瓶底；装冷凝管，冷凝管通冷却水；缓慢开启搅拌，检查搅拌桨和三口烧瓶不会碰触瓶底、不能剧烈晃动为宜。

（二）操作步骤

1. 混合单体溶液的配置

取 15 g 苯乙烯、30 g 丙烯酸丁酯和 1.0 g 丙烯酸混合在锥形瓶中备用。

2. 预乳化液的制备

取 1.5 g 十二烷基苯磺酸钠加入三口烧瓶中，再加入 53 g 去离子水，搅拌使其完全溶解。待温度升到 60 ℃ 时，取 0.2 g 过硫酸铵引发剂加入三口烧瓶中。然后取 5 g 混合单体快速加入三口烧瓶中进行预乳化，待溶液泛蓝光时预乳化即可结束，预乳化时间为 15 ～ 20 min。

3. 乳液聚合

预乳化结束后升温，待温度升高至 78 ～ 80 ℃ 时，开始滴加剩余的混合单体溶液，滴加时间控制在 1 h 左右，滴加结束后，升温到 85 ℃，继续保温 1 h 使单体完全反应。

4.后处理

保温结束后降温到 40 ～ 50 ℃，然后用适量氨水（约 0.1 g）调 pH 为弱碱性，即得苯丙乳液。

五、数据处理

以下性能测试项目（一）、项目（五）为必做，项目（二）至项目（四）、项目（六）至项目（八）选做一项即可。测试标准按照 GB/T 11175—2021《合成树脂乳液试验方法》执行。测试结果填入表 2-1。

表 2-1　乳液性能表

序号	乳液检测项目	测试结果
1	黏度	
2	稀释稳定性	
3	离心稳定性（4000 r/min）	
4	钙离子稳定性	
5	固含量 /%	
6	乳液成膜性	
7	胶膜吸水率 /%	
8	胶膜耐水性 /s	
9	乳液粒径 /nm	

（一）黏度测定

将乳液转移到待测量杯中，使用 2 号转子，以 30 r/min 转速测定乳液的黏度。

（二）稀释稳定性

在试管中加入 3 mL 乳液，边搅拌边加入 10 mL 去离子水，放置 24 h 后，观察是否分层或破乳。

（三）离心稳定性

在离心试管中加入半试管乳液，离心 60 min，观察乳液是否分层。

（四）钙离子稳定性

在试管中加入 3 mL 乳液，滴加 0.5% CaCl₂ 溶液，直至破乳，记录 CaCl₂ 溶液用量。或在 3 mL 乳液中加 1 mL 0.5% $CaCl_2$ 溶液静置 24 ～ 48 h，若不分层为合格。

（五）乳液固含量测定

将洁净干燥的培养皿在 115 ～ 120 ℃ 恒重后，降至室温，准确称重。加入 2 g 左右的乳液（准确至 0.0001 g），加热 2 h 恒重后，降至室温，准确称重。计算乳液的固含量。

（六）乳液成膜性和胶膜吸水率测定

将洁净干燥的载玻片在 80 ℃ 恒重后，用玻璃棒将乳液涂覆在载玻片上，室温下成膜，观察其成膜性。

在烘箱中烘干并降至室温后称重，再将覆有涂膜的载玻片置于水中浸泡 24 h，取出，用滤纸吸干表面的水分后称重。

涂膜吸水率计算公式为：

$$S = \frac{m_2 - m_0}{m_1 - m_0} \times 100\% \qquad (2\text{-}3)$$

式中：S 为涂膜的吸水率，%；m_0 为载玻片的质量，g；m_1 为干燥后的涂膜和载玻片的总质量，g；m_2 为吸水后的涂膜和载玻片的总质量，g。

（七）胶膜耐水性测定

在洁净干燥的载玻片上均匀涂一层乳液，放到烘箱中烘干。在已干透的胶膜上滴 1 滴去离子水，观察胶膜滴水后白浊化的时间。

（八）乳液粒径测试

称取一定量的乳液稀释 100 倍，用布鲁克海文激光粒度仪测定粒径。

六、注意事项

① 搅拌速率要适中，不能过快，否则容易产生凝胶和气泡。
② 温度与升温速率要适宜，否则容易导致破乳和凝胶。
③ 实验反应温度较高，注意防火和人身安全。

七、思考与分析

① 比较乳液聚合、溶液聚合、悬浮聚合的反应特点。

② 乳化剂的作用是什么？

③ 实验操作中应注意哪些问题？

实验六　苯乙烯和二乙烯苯的悬浮共聚合

一、实验目的

① 通过对苯乙烯和二乙烯苯单体的悬浮共聚合实验，了解自由基悬浮聚合的方法和配方中各组分的作用。

② 学习悬浮聚合的操作方法。

③ 通过对聚合物颗粒均匀性和大小的控制，了解分散剂、升温速度、搅拌形式与搅拌速度对悬浮聚合的重要性。

二、实验原理

离子交换树脂是球形小颗粒，这样的形状使离子交换树脂的应用十分方便。用悬浮聚合方法制备球状聚合物是制取离子交换树脂的重要实施方法。在悬浮聚合中，影响颗粒大小的因素主要有 3 个，即分散介质（一般为水）、分散剂和搅拌速度。水量不够则不能把单体分散开，水量太多要增大反应容器，给生产和实验带来困难。一般水与单体的比例为 2 ～ 5。分散剂的最小用量虽然可能为单体的 0.005% 左右，但一般常用量为单体的 0.2% ～ 1%，太多容易产生乳化现象。在水和分散剂的用量选好后，通过搅拌可以把单体分开。因此，调整好搅拌速度是制备粒度均匀的球形聚合物极为重要的因素。离子交换树脂对颗粒度要求比较高，所以严格控制搅拌速度，可制得颗粒度合格率比较高的树脂，这是实验中需特别注意的问题。

在聚合时，如果单体内加入致孔剂，得到的是乳白色不透明状大孔树脂，带有功能基后仍为有一定颜色的不透明状。如果聚合过程中没有加入致孔剂，得到的是透明状树脂，带有功能基后仍为透明状。这种树脂又称为凝胶树脂，只有在水中溶胀后才有交换能力。凝胶树脂内部渠道直径只有 2 ～ 4 μm，树脂干燥后，这种渠道就会消失，所以这种渠道又称为隐渠道。大孔树脂的内部渠道直径可小至数微米，大至数百微米。树脂干燥后这种渠道仍然存在，所以又称为真渠道。大孔树脂内部由于具有较大的渠道，溶液及离子在其内部容易迁移扩散，所以交换速度快，工作效率高。目前，大孔树脂研究发展很快。

悬浮聚合实质上是借助较强烈的搅拌和悬浮剂的作用，将单体分散在单体不溶的介质（通常为水）中，单体以小液滴的形式进行本体聚合，在每一个小液滴内，单体的聚合过程与本体聚合相似，遵循自由基聚合一般机理，具有与本体聚合相同的动力学过程。由于单体在体系中被搅拌和悬浮剂作用，分散成细小液滴，因此悬浮聚合又有其独到之处，即散热面积大，避免在本体聚合中出现不易散热的问题。由于分散剂的采用，最后的产物经分离纯化后可得到纯度较高的颗粒状聚合物。

苯乙烯是一种比较活泼的单体，容易进行聚合反应。苯乙烯在水中的溶解度很小，将其倒入水中，体系分成两层，进行搅拌时，在剪切力作用下单体层分散成液滴，界面张力使液滴保持球形，而且界面张力越大形成的液滴越大，因此在作用方向相反的搅拌剪切力和界面张力作用下，液滴达到一定的大小和分布。这种液滴在热力学上是不稳定的，当搅拌停止后，液滴将凝聚变大，最后与水分层，同时，聚合到一定程度以后的液滴中溶有的发黏聚合物亦可使液滴相黏结。因此，悬浮聚合体系还需加入分散剂。

悬浮聚合主要组分有四种：单体、分散介质（水）、分散剂、引发剂。

第一种是单体，不溶于水，如苯乙烯、乙酸乙烯酯、甲基丙烯酸酯等。

第二种是分散介质，大多为水，作为热传导介质。

第三种是分散剂，调节聚合体系的表面张力、黏度，避免单体液滴在水相中黏结。包括水溶性高分子，如天然物明胶、淀粉，合成物聚乙烯醇等；难溶性无机物，如硫酸钡（$BaSO_4$）、碳酸钡（$BaCO_3$）、碳酸钙（$CaCO_3$）、滑石粉、黏土等；可溶性电介质，如氯化钠（$NaCl$）、氯化钾（KCl）、硫酸钠（Na_2SO_4）等。

第四种是引发剂，主要为油溶性引发剂，如过氧化二苯甲酰、偶氮二异丁腈等。

实验是苯乙烯和二乙烯苯（交联剂）在过氧化二苯甲酰引发下，经悬浮聚合生成珠状共聚体，它具有体型（网状）结构，是苯乙烯型离子交换树脂的母体。

三、实验试剂与仪器

（一）实验试剂

苯乙烯、二乙烯苯、过氧化苯甲酰、5% 聚乙烯醇（PVA）、0.1% 次甲基蓝水溶液、蒸馏水。

（二）实验仪器

250 mL 三口烧瓶、球形冷凝管、量筒、烧杯、搅拌器、水浴锅、标准筛（30 目、

70 目）、细玻璃管、表面皿、烘箱。

四、实验步骤

在 250 mL 三口烧瓶中加入 100 mL 蒸馏水、5% PVA 水溶液 5 mL，数滴次甲基蓝水溶液。调整搅拌片的位置，使搅拌片的上沿与液面齐平，摇匀。在烧杯中加入 0.2 g 过氧化苯甲酰、20 g（22 mL）苯乙烯和 5 g（5.5 mL）二乙烯苯，混合后搅拌溶解。开动搅拌器并缓慢加热，升温至 40 ℃ 后停止搅拌。将烧杯中混合溶液倒入三口烧瓶中。开动搅拌器，开始时转速要慢，待单体全部分散后，用细玻璃管（不要用尖嘴玻璃管）吸出部分油珠放到表面皿上，观察油珠大小。如油珠偏大，可缓慢加速。过一段时间后继续检查油珠大小，如仍不合格，继续加速，如此调整油珠大小，一直到合格为止（小米粒大小）。待油珠合格后，以 1 ～ 2 ℃/min 的速度升温至 70 ℃，并保温 1 h。再升温到 85 ～ 87 ℃ 反应 1 h。升温到 95 ℃，继续反应 2 h。停止搅拌，将小球倒入尼龙纱袋中，用热水洗小球 2 次。再用蒸馏水洗，一直到滤液不再浑浊时停止。将小球转移到表面皿中，在 60 ℃ 烘箱中干燥 3 h，得到聚合物并称重，计算产率。

五、数据处理

用 30 目、70 目标准筛过筛，称重，计算小球合格率。

六、注意事项

① 反应时搅拌速度要快、使体系保持均匀，单体能形成良好的珠状液滴。

② 保温阶段是实验的关键阶段，此时聚合热逐渐放出，油滴开始变黏，易发生粘连，须密切注意温度和转速的变化。

③ 如果聚合过程中发生停电或聚合物粘在搅拌棒上等异常现象，应及时降温终止反应并倾出反应物，以免造成仪器报废。

七、分析与思考

① 结合悬浮聚合的理论，说明配方中各组分的作用。如将此配方改为苯乙烯的本体或乳液聚合，需做哪些改动？

② 分散剂的作用原理是什么？其用量大小对产物粒子有何影响？

③ 悬浮聚合对单体有何要求？聚合前单体应如何处理？

④ 悬浮聚合中要想获得合适粒径的颗粒，需要注意哪些因素？

实验七　苯乙烯和马来酸酐的共聚合

一、实验目的

① 掌握苯乙烯和马来酸酐交替共聚的实施方法。

② 了解交替共聚物的结构特征，以及交替共聚对聚合单体对的要求。

二、实验原理

带强推电子取代基的乙烯基单体与带强吸电子取代基的乙烯基单体组成的单体对进行共聚合反应时容易得到交替共聚物。关于其聚合反应机理，目前有两种理论：过渡态极性效应理论和电子转移复合物均聚理论。

过渡态极性效应理论认为，在反应过程中，链自由基和单体加成后形成因共振作用而稳定的过渡态。以苯乙烯/马来酸酐共聚合为例，因极性效应，苯乙烯自由基更易与马来酸酐单体形成稳定的共振过渡态，因而优先与马来酸酐进行交叉链增长反应；反之，马来酸酐自由基优先与苯乙烯单体加成，结果得到交替共聚物。反应式如下：

$$CH_2{=}CH \; + \; CH{=}CH \longrightarrow \pm CH_2{-}CH {-} CH{-}CH \pm_n$$

电子转移复合物均聚理论认为两种不同极性的单体先形成电子转移复合物，该复合物再进行均聚反应得到交替共聚物，这种聚合方式不再是典型的自由基聚合。

$$\sim\hspace{-2pt}\sim\hspace{-2pt}\sim (DA)_n D^+ {\cdots} A^- {+} D^+ {\cdots} A^- \longrightarrow \sim\hspace{-2pt}\sim\hspace{-2pt}\sim (DA)_{n+1} D^+ {\cdots} A^-$$

注意：D 为带强推电子取代基单体，A 为带强吸电子取代基单体。

当这样的单体在自由基引发下进行共聚合反应时：① 当单体的组成比为 1∶1 时，聚合反应速率最大；② 不管单体组成比如何，总是能得到交替共聚物；③ 加入 Lewis 酸可增强单体的吸电子性，从而提高聚合反应速率；④ 链转移剂的加入对聚合产物分子量的影响甚微。所得的交替共聚物是一种优良的悬浮分散剂和絮凝剂。

实验中，以苯乙烯和马来酸酐为共聚单体，以偶氮二异丁腈为引发剂，以乙酸乙酯为溶剂，采用一步加料工艺，通过自由基溶液聚合方法，拟合成苯乙烯和马来酸酐交替共聚物。

三、实验试剂与仪器

（一）实验试剂

苯乙烯、乙酸乙酯、马来酸酐、偶氮二异丁腈、95% 乙醇。

（二）实验仪器

分析天平、三口烧瓶、球形冷凝管、温度计、水浴锅、布氏漏斗、表面皿、真空干燥箱、离心机。

四、实验步骤

取 15 mg 偶氮二异丁腈、5.0 g 马来酸酐、5.3 g（0.05 mol）苯乙烯加入反应瓶。量取 90 mL 乙酸乙酯加入反应瓶。开动搅拌，使单体、引发剂等溶解，得到无色、澄清、透明的反应液。加料结束后，逐步升温至 80 ℃，在 80 ℃ 下反应 1.5 h，得到白色分散液，说明形成的聚合物不溶于乙酸乙酯，反应过程为非均相沉淀聚合。反应结束后停止加热，停止搅拌。将反应液缓慢加入 200 mL 95% 乙醇中，沉淀出大量白色固体。以 95% 乙醇洗涤白色固体三次，去除未反应的单体、引发剂等杂质。抽滤后，将固体产物转移到表面皿上，在 70 ℃ 真空烘箱中干燥至恒重，称重。

五、数据处理

计算产品的产率。

六、注意事项

① 反应物浓度不宜太高，否则自动加速效应明显。
② 苯乙烯和马来酸酐物质的量比不可偏差太大，若苯乙烯量偏多，由于苯乙烯均聚倾向，会形成无规聚合物。

七、分析与思考

① 推断以下几组单体对进行自由基共聚合时，哪组容易得到交替共聚物？为什么？

A 组：丙烯酰胺 / 丙烯腈；

B 组：乙烯 / 丙烯酸甲酯；

C 组：三氟氯乙烯 / 乙基乙烯基醚。

② 如何验证得到的共聚物是交替共聚物，而不是无规共聚物？

实验八　苯乙烯和顺丁烯二酸酐共聚物的皂化反应

一、实验目的

① 了解高分子的化学反应。

② 制备苯乙烯和顺丁烯二酸酐交替共聚物的皂化产物。

二、实验原理

高分子本身也能进行许多化学反应。聚合物的这些反应，或是保持聚合物骨架不变，只涉及取代基上的官能团反应，因此不改变平均聚合度；或是在反应进行过程中同时发生了分子链的降解。聚合物主链保持不变的转化反应称为相似聚合物转化。这一反应在工业上相当重要，如将聚乙酸乙烯酯通过皂化反应制备聚乙烯醇，而乙烯醇单体是不存在的，又如各种离子交换树脂的制备等。在许多情况下，相似聚合物转化和分子链的降解反应可能会同时发生，但通过选择适当的反应条件，仍可将断链反应控制在较小甚至不发生的程度。苯乙烯和顺丁烯二酸酐交替共聚物是悬浮聚合良好的分散剂，也可用作皮革的鞣剂。在这些应用中，必须将酸酐基团转化为羧基或盐。本实验通过水解皂化反应，将苯乙烯和顺丁烯二酸酐共聚物转化为相应的羧基共聚物。反应式如下：

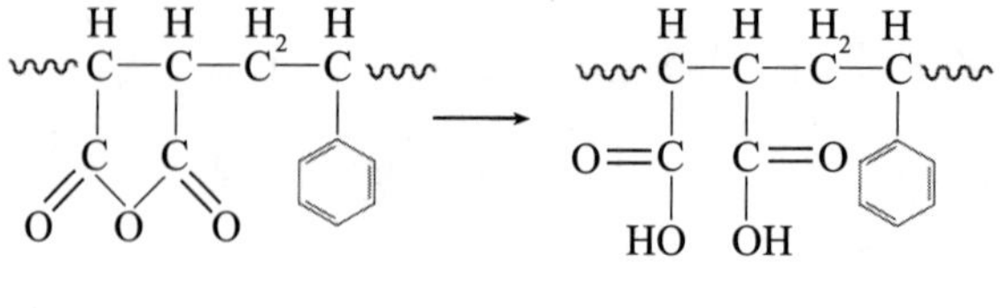

三、实验试剂与仪器

（一）实验仪器

烧杯、圆底烧瓶、回流冷凝管、机械搅拌器、布氏漏斗、抽滤瓶、真空水泵、玻璃搅拌棒。

（二）实验试剂

苯乙烯 — 顺丁烯二酸酐共聚物、氢氧化钠、盐酸。

四、实验步骤

在装有搅拌器和回流冷凝管的 250 mL 圆底烧瓶中，装入 4 g 苯乙烯 — 顺丁烯二酸酐共聚物和 100 mL 2 mol/L（8%）氢氧化钠溶液，加热至沸腾（直接用加热套加热）。回流 1 h，使聚合物完全溶解，成为透明溶液。

将反应物冷却，取其中 1/4 倒入 250 mL 2 mol/L（7%）盐酸中，沉淀出聚合物，澄清后，抽滤，干燥，得到含羧基的聚合物。苯乙烯 — 顺丁烯二酸酐共聚物与酸酐共聚物不同，可溶于热水中，其水溶液明显呈酸性。

五、数据处理

计算产品的产率。

六、注意事项

注意反应中所用强酸强碱具有强腐蚀性、刺激性，保证安全操作。

七、分析与思考

① 苯乙烯 — 顺丁烯二酸酐共聚物还可进行哪些相似聚合度转化反应？
② 如果将本实验所用的氢氧化钠改换为氢氧化铵或有机胺，是否可行？

实验九　界面聚合制备尼龙 -610

一、实验目的

① 掌握界面缩聚反应原理、方法、类别、特点。
② 加深对界面缩聚过程和特点的理解。

二、实验原理

界面聚合是缩聚反应特有的实施方式，将两种单体分别溶解于互不相溶的两种溶剂中，然后将两种溶液混合，聚合反应只在两相溶液的界面上进行。它适用于不可逆缩聚反应，并要求单体具有高反应活性，界面缩聚反应温度较低，一般在 $0 \sim 50\,^{\circ}\text{C}$。反应式如下：

$$n\text{H}_2\text{N(CH}_2)_6\text{NH}_2 + n\text{ClC(CH}_2)_8\text{CCl} \xrightarrow{\hspace{2cm}} \text{H}\!\!-\!\!\left[\text{NH(CH}_2)_6\text{NHC(CH}_2)_8\text{C}\right]_n\!\!-\!\!\text{Cl} + (2n-1)\text{HCl}$$

界面聚合具有不同于一般逐步聚合反应的机理。单体由溶液扩散到界面，主要与聚合物分子链端的官能团反应。通常聚合反应在界面的有机相一侧进行，如二胺与二酰氯的聚合反应在二酰氯一侧进行。界面聚合具有以下特征：两种反应物并不需要以严格的摩尔比加入；高分子量聚合物的生成与总转化率无关；界面聚合反应一般是受扩散控制的反应；由于在低温下无副反应，相对分子质量一般很高；反应一直进行到一种试剂被用完，所以反应收率往往很高。

要使界面聚合反应成功地进行，需要考虑的因素有：将生成的聚合物及时移走，以使聚合反应不断进行；采用搅拌等方法增加界面的总面积；反应过程中有酸性物质生成，则要在水相中加入碱；有机溶剂仅能溶解低分子量聚合物，如氯仿仅能使高分子量的尼龙 -610 聚合物沉淀；单体最佳浓度比能保证扩散至界面处的两种单体为等摩尔比即可，并不总是 1：1。

界面聚合方法已用于许多聚合物的合成，如聚酰胺、聚碳酸酯及聚氨基甲酸酯等。这种聚合方法也有其缺点，二元酰氯单体的成本高，需要使用和回收大量的溶剂等，使其工业应用受到了很大限制。

本实验由己二胺与癸二酰氯采用界面聚合法制备尼龙 -610。

三、实验试剂与仪器

（一）实验试剂

癸二酰氯、己二胺、四氯化碳、盐酸、氢氧化钠、酚酞、蒸馏水。

（二）实验仪器

玻璃棒、100 mL 烧杯、250 mL 烧杯、真空干燥箱。

四、实验步骤

① 在第 1 个烧杯中，加入 50 mL 蒸馏水、0.7 g 氢氧化钠和 1.3 g（约 25 滴）己二胺，摇匀。

② 在第 2 个烧杯中，加入 1 mL 癸二酰氯、50 mL 四氯化碳（CCl_4），摇匀。

③ 沿着烧杯壁将第 1 个烧杯中的溶液缓缓倾倒在第 2 个烧杯的 CCl_4 溶液上，尽量不要让两种溶液混合。再加几滴酚酞，使液层界面更加明显，便于观察。

④ 将己二胺溶液缓缓倒入癸二酰氯溶液中，用玻璃棒小心地将界面处的聚合物拉出，并缠在玻璃棒上，直至癸二酰氯反应完毕。

⑤ 用 1% 盐酸溶液洗涤聚合物以终止聚合，再用蒸馏水洗涤至中性，于 80 ℃真空干燥箱中干燥，得到聚合物并称重。

五、数据处理

计算产品的产率。

六、注意事项

① 实验中的试剂对皮肤有刺激性，如果溅到人身上应立即用水清洗，并用肥皂和水冲洗所波及的地方。

② 化学药品应在通风橱中使用，并应避免长时间地吸入这些蒸汽。

③ 氢氧化钠腐蚀性很强，应特别注意别溅入眼中，处理时最好戴上防护眼镜。

④ 在处理尼龙时，必须十分小心，以防有时形成的含有液体的小气泡爆裂，避免喷出的液体溅入眼睛。

七、分析与思考

① 加氢氧化钠的目的是什么？反应完后加 1% 盐酸的作用是什么？
② 在不搅拌界面缩聚实验中，要使实验成功，需做到哪几点？
③ 为什么用界面缩聚能够制备高分子量的聚合物？
④ 界面缩聚能不能用于聚酯的合成？为什么？
⑤ 实验中是否需要严格控制两种单体的摩尔比？为什么？

实验十　水溶性酚醛树脂制备及性能测定

一、实验目的

① 了解缩聚反应的特点及反应条件对产物性能的影响。
② 掌握碱催化条件下酚醛树脂的合成方法。
③ 掌握水溶性酚醛树脂的合成方法。
④ 掌握酚醛树脂液的固含量的测定方法。
⑤ 掌握树脂水溶性的测定方法。

二、实验原理

　　由酚类化合物与醛类化合物缩聚反应得到的酚醛树脂已经有悠久的历史。酚醛树脂是最早实现工业化的树脂，它具有很多优点，如抗湿、抗电、耐腐蚀等，模制器件有固定形状、不开裂等优点，是现代工业中应用广泛的塑料之一。在树脂与塑料行业内，人们对纯油溶性或半油溶性酚醛树脂做了很多研究，并获得广泛应用。水溶性酚醛树脂属于酚醛树脂的甲阶产品，其分子上含有羟甲基官能团或二亚甲基醚键结构，并具有自固化性能，是热固型酚醛树脂的活性中间体。由于苯环上的羟甲基官能团具有很强的反应活性，在一定温度和弱碱性或中性条件下，相互间可发生脱水缩合反应或与酰胺基团的脱水缩合反应。

　　酚醛树脂是由酚类和醛类物质在酸或碱催化剂下合成的缩聚物，在合成过程中，原料官能度的数目、两种原料的物质的量之比以及催化剂的类型对生成树脂有很大影响。为了得到具有体型结构的聚合物，两种原料的官能度总数应不少于 5。由于醛类物质为二官能度的单体，因此要求所用的酚必须有 3 个可以反应的活性点。苯酚和间苯二酚都是羟基取代的苯衍生物，在与甲醛进行亲电取代反应时，反应主要发生在酚羟基的邻、对位，所以苯酚和间苯二酚都可看作具有三官能度的单体，它们均可作为合成热固型酚醛树脂的原料。因选择苯酚、甲醛物质的摩尔比为 1:3，故采用两步碱催化合成酚醛树脂的原理如下。

① 第一步碱催化生成具有更强亲核性的苯氧负离子：

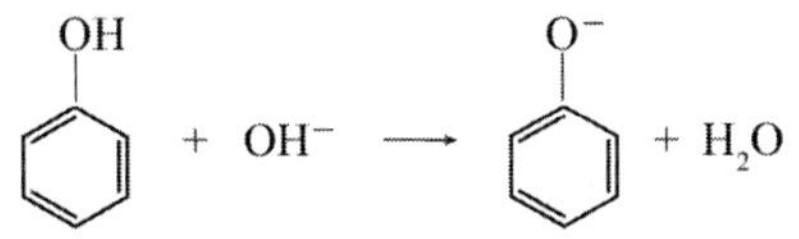

$$C_6H_5OH + OH^- \longrightarrow C_6H_5O^- + H_2O$$

② 与甲醛初步反应生成一羟甲基苯酚：

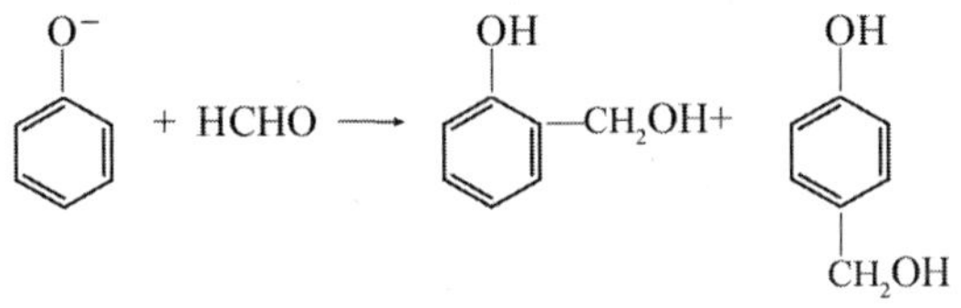

邻羟甲基苯酚 + HCHO ⟶ 对羟甲基苯酚

③ 第二步碱催化继续生成一羟甲基苯氧负离子：

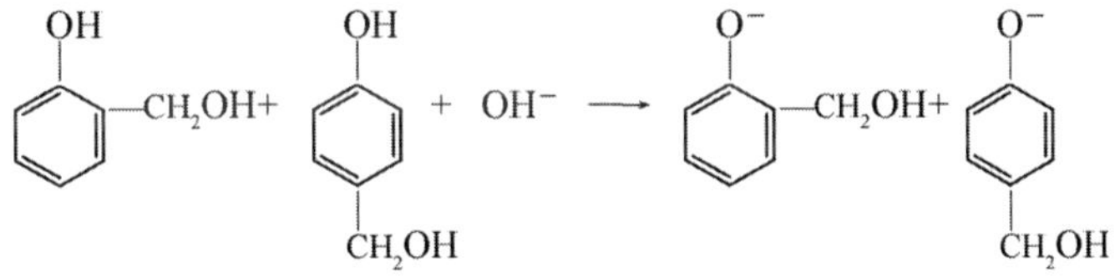

一羟甲基苯酚 + OH⁻ ⟶ 一羟甲基苯氧负离子

④ 继续与甲醛反应生成二羟甲基苯酚、三羟甲基苯酚和含二亚甲基醚的多羟甲基苯酚以及水溶性（甲阶）酚醛树脂：

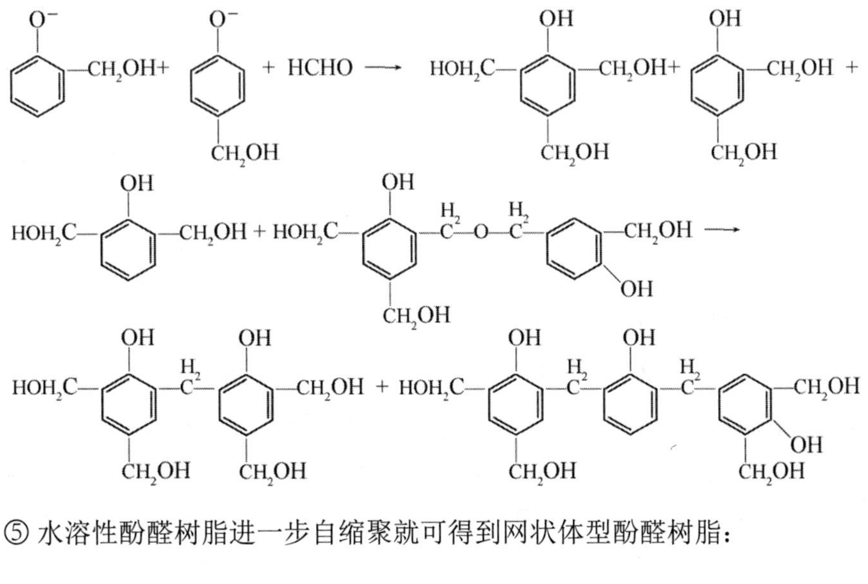

⑤ 水溶性酚醛树脂进一步自缩聚就可得到网状体型酚醛树脂：

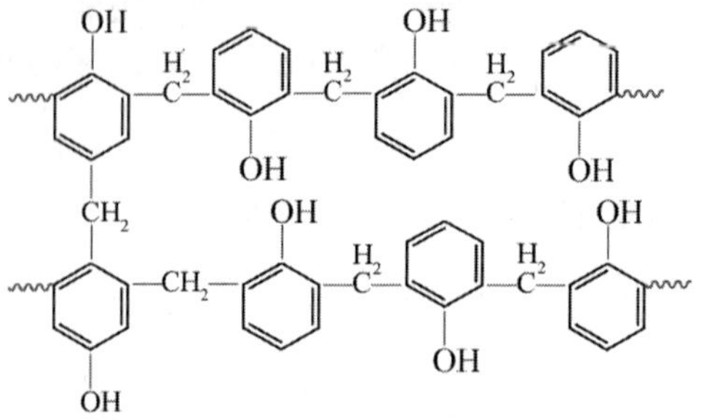

为了使苯酚苯环上的邻、对位都能进行羟甲基化反应，除了物料酚与醛摩尔比应该达到 1∶3 外，还需要采用两步碱催化法，才能较好地实现苯酚的多元羟甲基化反应。通过对产品残留甲醛量的测定分析说明，二步碱催化法有利于甲醛参加苯酚的羟甲基化反应，残留甲醛量是 1.2%（质量分数），而一步碱催化法产品残留甲醛量高达 16.5%（质量分数）。

三、实验试剂与仪器

（一）实验试剂

苯酚、甲醛、氢氧化钠、蒸馏水。

（二）实验仪器

三口烧瓶、电动搅拌器、冷凝管、温度计、加热套、表面皿、吸管、20 mL 移液管、布氏漏斗、锥形瓶。

四、实验步骤

（一）方法一

按苯酚∶甲醛 =1∶3 的比例称取适量的苯酚，倒入反应釜，加热至 50 ℃，使其熔融成液体；按苯酚和甲醛纯物质总量 5% 的比例称取催化剂，并将其分为 3.5% 和 1.5% 两份，先将 3.5% 的催化剂加入已熔融好苯酚的反应釜，剩余 1.5% 的催化剂备用；将反应釜恒温 50 ℃，搅拌反应 20 min 后，把已称好的 80% 甲醛倒入反应釜，升高反应釜温度至 60 ℃，继续搅拌反应 50 min；将剩余 1.5% 的催化剂加入反应釜，升高反应釜温度至 70 ℃，恒温继续搅拌反应 20 min；最后加入剩余 20% 的甲醛，升高反应温度至 90 ℃，并恒温继续搅拌反应 30 min。最终得到的产品为透亮棕红色，浓度为 45%，并完全溶于水，作为水溶性酚醛树脂。

（二）方法二

此实验在 500 mL 三口烧瓶中进行，三口烧瓶装料系数约为 50%，各物质用量如下：氢氧化钠水溶液（0.1 mol/L）125 mL、蒸馏水 68 mL、苯酚 47 g、甲醛（37%）60.5 g。将针状无色苯酚晶体加热到 43 ℃，熔化后将它加入三口烧瓶中，搅拌，加入氢氧化钠水溶液和水，溶液呈粉红色，并出现少许颗粒，升温至 45 ℃并保温 25 min；加入甲醛总量的 80%，溶液呈现棕红色，固体颗粒减少，约 3 min后，溶液为深棕色透明液体，并于 45～50 ℃保温 30 min，在 80 min 内由 50 ℃升至 87 ℃，再在 25 min 内由 87 ℃升至 95 ℃，在此温度保温 20 min；在 30 min内由 95 ℃冷却至 82 ℃，加入剩下的甲醛，溶液少许浑浊，随后又马上消失，于82 ℃保温 15 min；在 30 min 内把温度从 82 ℃升至 92 ℃，溶液在约 6 min 后呈现胶状，颜色为深棕色。于 92～96 ℃保温 20 min 后，立即通冷却水，温度降至 40 ℃时出料。产品为深棕色黏稠状液体。

五、数据处理

（一）固体含量的测定

准确称取 1 g 试样于已知质量的瓷坩埚中，放入烘箱中从低温开始升温，至135 ℃时，保温 2 h，取出冷却，称重。

$$固体含量 = \frac{m_1}{m_2} \times 100\% \qquad (2\text{-}4)$$

式中：m_1 为烘干后试样的质量，g；m_2 为烘干前试样的质量，g。

（二）水倍率的测定

用托盘天平称取 10 g 试样于 50 mL 烧杯中，插入搅拌棒，用蒸馏水滴定（边滴定边搅拌），直到试样呈乳白色为止，记下蒸馏水的体积。

$$水倍率 = \frac{m_1}{m} \times 100\% \qquad (2\text{-}5)$$

式中：m_1 为滴加消耗的蒸馏水质量，g；m 为试样质量，g。

六、注意事项

测定时温度必须从室温开始，以免试样起泡、飞溅。

七、分析与思考

① 计算苯酚、甲醛加料量之摩尔比，苯酚过量的目的是什么？
② 讨论实验结果及意义。
③ 讨论反应结果好坏的原因。
④ 对碱催化合成酚醛树脂的结果进行讨论。

实验十一　淀粉羧甲基化反应及取代度测定

一、实验目的

① 掌握淀粉醚化反应操作技术。
② 掌握淀粉改性化学原理。
③ 了解羧甲基淀粉钠盐的特性和用途。
④ 了解取代度的测定方法。

二、实验原理

羧甲基淀粉钠又称羧甲基淀粉钠盐或羧甲基淀粉醚钠盐，简写为 CMS，它是一种重要的改性淀粉，其物理化学性质与羧甲基纤维素（CMC）相似，外观比 CMC 更加均匀细腻，生产成本高，具有良好的水溶性、溶液透明性、保水性、高强度、高取代度和增稠性、乳化性、黏合性等性能，无毒无味，是一种新型的增稠剂、稳定剂和品质改良剂，在食品、造纸、纺织、黏合剂、化工医药和其他工业中的应用越来越广。CMS 的合成方法主要有有机溶剂法、水媒法、半固法和固法等，其中有机溶剂法可使反应物料始终为颗粒状态，避免淀粉发黏结块，可使醚化反应进行充分且比较均匀，所得产品含杂质较少。本实验采用有机溶剂法。

CMS 是由淀粉与 $CH_2ClCOOH$ 在碱性条件下发生双分子亲核取代反应而制得，反应可分为膨化和醚化两个阶段，基本反应如下。

膨化反应：

$$[C_6H_9O_4OH]_n + n\, NaOH \longrightarrow [C_6H_9O_4ONa]_n + n\, H_2O$$

$$CH_2ClCOOH + NaOH \longrightarrow CH_2ClCOONa + H_2O$$

醚化反应：

$$[C_6H_9O_4ONa]_n + ClCH_2CO_2Na \longrightarrow [C_6H_9O_4OCH_2COONa]_n + NaCl$$

除主反应外，$CH_2ClCOOH$ 还与 NaOH 发生如下副反应：

$$CH_2ClCOOH + 2NaOH \longrightarrow HOCH_2COONa + NaCl + H_2O$$

为抑制该副反应的发生，宜采用两次加碱法：一部分用于沉淀的预处理，使淀粉充分溶胀；另一部分与 $CH_2ClCOOH$ 混合，以滴加方式加入反应体系。

三、实验试剂与仪器

（一）实验试剂

淀粉、氯乙酸、氢氧化钠、异丙醇、乙醇、盐酸（w=10%）、蒸馏水。

（二）实验仪器

恒温水浴锅、四口烧瓶、机械搅拌器、温度计、球形冷凝管、恒压滴液漏斗、抽滤瓶、布氏漏斗、酸式滴定管、锥形瓶。

四、实验步骤

（一）CMS 的合成

在带有搅拌和回流装置、温度计和滴液漏斗的四口烧瓶中，加入 25 mL 乙醇 / 异丙醇混合溶剂和 2.2 g NaOH 充分搅拌均匀，在搅拌下分批加入 12.5 g 淀粉，控制反应温度在 60 ～ 70 ℃ 进行碱处理约 0.5 h。将剩余的 1.5 g NaOH 溶解于尽量少的水中，缓慢加入溶解有 3.5 g 氯乙酸的 15 mL 乙醇 / 异丙醇混合溶剂中，混合均匀后加入滴液漏斗，在搅拌下，30 min 内滴入四口烧瓶中进行反应，期间保持反应温度在 60 ～ 70 ℃。反应 3 h 后，冷却抽滤，用乙醇洗涤，得粉末状粗产品，将粗产品溶于适量的蒸馏水中，边搅拌边慢慢倒入乙醇中沉淀，抽滤，先用乙醇，再用异丙醇洗涤 2 ～ 3 次，抽滤得到白色粉末状、真空干燥的产品。

（二）取代度测定

取代度是衡量 CMS 性能的重要指标之一，可采用酸碱滴定法测定 CMS 的取代度。先将 CMS 用稀盐酸酸化，转变为酸性（即 HCMS），然后把过量的 HCl 洗掉，真空干燥得到酸化的 HCMS 产品。将 HCMS 溶解在过量的标准 NaOH 中，然后以酚酞为指示剂用标准酸返滴定，从返滴定的标准酸的消耗量计算出式样

中 —OCH$_2$COOH 的物质的量 B（mmol），则取代度（DS）为：

$$DS=0.162B/（1-0.058B）$$

式中：0.058 是 1 mmol 的 —OH 转变为 —OCH$_2$COOH 所净增的相对分子质量。

五、数据处理

根据标准酸的消耗量计算所制备羧甲基化淀粉的取代度。

六、注意事项

① 分批加入淀粉要充分搅拌，防止淀粉沉淀。
② 测定 CMS 取代度时，最好先将 CMS 完全溶解于水中，再用盐酸酸化，转变为酸性。

七、分析与思考

① 为什么要采用两步加碱法？
② 淀粉不溶于水，而 CMS 易溶于水，为什么？

实验十二　聚乙烯醇缩甲醛的制备

一、实验目的

① 通过以聚乙烯醇和甲醛为原料，制备聚乙烯醇缩甲醛胶水，了解聚合物的化学反应特点，如官能团非等活性的特点、聚合物环化中的概率效应等。
② 掌握聚乙烯醇缩甲醛化学反应的原理。
③ 了解缩醛化反应中体系温度、pH、甲醛用量等主要因素对缩醛反应的影响。
④ 了解旋转黏度计的使用方法。

二、实验原理

聚乙烯醇缩甲醛又称 107 胶，为无色透明液体，易溶于水。聚乙烯醇缩甲醛胶具有黏接力强、黏度大、耐水性强、成本低廉等优点，广泛用作多种壁纸、纤维墙布、瓷砖粘贴、内墙涂料及多种腻子胶的黏合剂等。

聚乙烯醇分子中含有的羟基（—OH）是一种亲水性基团，所以聚乙烯醇可溶于水，它的水溶液可作为胶黏剂使用。为了提高其耐水性，可以通过聚乙烯醇的缩醛化反应来改性。通过控制缩醛度（聚乙烯醇缩甲醛中所含缩醛基的百分数），可使聚乙烯醇缩甲醛胶既有较好的耐水性，又有一定的水溶性。

测定其黏度和缩醛度，通过测定胶水中的游离甲醛量可以了解缩醛化反应完成的情况及该反应条件下缩醛度的大小。胶水中游离甲醛量少，表明缩醛度高；反之，则表示缩醛度低。甲醛的测定是利用 NaHSO$_3$ 与 HCHO 的加成反应生成 NaOH，用酸标准滴定溶液滴定至百里酚酞由蓝色变无色为终点。

$$HCHO + 2NaHSO_3 + H_2O \longrightarrow H-\underset{SO_3Na}{\overset{OH}{\underset{|}{\overset{|}{C}}}}-H + 2NaOH + SO_2$$

NaHSO$_3$ 溶液不稳定，实际使用的是 Na$_2$SO$_3$。在测定时，先在 Na$_2$SO$_3$ 溶液中，用 H$_2$SO$_4$ 溶液滴加至百里酚酞蓝色消失，Na$_2$SO$_3$ 形成 NaHSO$_3$，再与甲醛进行加成反应。

三、实验试剂与仪器

（一）实验试剂

聚乙烯醇、甲醛（36%）、盐酸（1:4）、氢氧化钠（10%）、硫酸、亚硫酸钠溶液（0.5 mol/L）、百里酚酞（1 g/L）。

（二）实验仪器

四口瓶、电动搅拌装置、球形冷凝管、温度计、滴液漏斗、水浴锅、秒表、旋转黏度计、锥形瓶。

四、实验步骤

（一）聚乙烯醇的溶解

在装有搅拌器、球形冷凝管、温度计和滴液漏斗的四口瓶中加入 10 g 聚乙烯醇和 900 mL 去离子水，开动搅拌，逐渐升温到 95 ℃，直到聚乙烯醇完全溶解。

（二）聚乙烯醇的缩醛化反应

降温至 35 ～ 40 ℃，量取甲醛 4 mL，用滴液漏斗将其慢慢滴加到四口瓶内，约在 25 min 内滴完。加入 1∶4 盐酸，使溶液 pH 为 1 ～ 3。保持反应温度 85 ～ 90 ℃，继续搅拌 20 min，当体系中出现气泡或有絮状物产生时，立即迅速加入 34 mL 去离子水（或蒸馏水），用 8% 的 NaOH 溶液调节体系的 pH 为 8 ～ 9。冷却降温出料，获得无色透明黏稠的液体，即市场上销售的胶水。

（三）测定产品黏度

利用旋转黏度计测定产品黏度。

（四）测定游离甲醛含量

量取 50 mL Na_2SO_3 溶液，置于 250 mL 锥形瓶中，加 3 滴百里酚酞指示液，用 H_2SO_4 标准溶液滴定至蓝色恰好消失。

称取产品试样 26 ～ 30g，加入已中和过的上述溶液，再用 H_2SO_4 标准溶液滴至浅蓝色消失为终点。

（五）测定产品固含量

将干净的称量瓶准确称量后，加入 1 ～ 1.5 g 产品，再准确称量后，放入烘箱，在 110 ℃ 的条件下烘 2.5 h，取出置于干燥器中冷却，再准确称重。

五、数据处理

（一）甲醛含量计算

$$甲醛的含量 = \frac{M_{HCHO} \times c \times V}{1000m} \times 100\% \qquad (2-6)$$

式中：V 为滴定胶水消耗的标准 H_2SO_4 溶液的体积，mL；c 为 H_2SO_4 标准溶液的浓度，mol/L；m 为胶水试样的质量，g；M_{HCHO} 为甲醛的摩尔质量，取 30.03 g/mol。

实验合成的胶水要求游离甲醛量 ≤ 1.2%。

（二）固含量计算

$$固定量 = \frac{干燥后样品质量}{干燥前样品质量} \times 100\% \tag{2-7}$$

六、注意事项

① 利用旋转黏度计测定产品黏度，要保证黏度计水平放置。

② 聚乙烯醇完全溶解后一定要降温才能加入甲醛。

③ 加盐酸必须将 pH 调节在 1 ～ 3。

④ 在缩醛化的反应中，氢离子为催化剂，反应结束后，应立即添加 NaOH 调节体系 pH 至碱性，中和掉多余的氢离子，防止反应继续进行。

七、分析与思考

① 为什么缩醛度增加，水溶性会下降？

② 甲醛是一种有刺激性气味的毒性气体，对人体的呼吸道黏膜有刺激作用，长期吸入这种气体会引起中毒。在聚乙烯醇缩甲醛实验中，如何降低游离甲醛的浓度？

③ 实验是从原料聚乙烯醇开始进行的，聚乙烯醇如何制备，请从最初的单体开始，设计聚乙烯醇缩甲醛的反应路线，并指出每一步的实验关键点。

实验十三　脲醛树脂的制备

一、实验目的

① 熟悉脲醛树脂的制备方法。

② 理解缩聚反应的原理和特点。

③ 了解反应体系中温度、pH 等主要因素对加成、缩聚反应的影响。

④ 了解脲醛树脂的用途。

二、实验原理

脲醛树脂又称尿素甲醛树脂，是尿素与甲醛在催化剂（碱性或酸性催化剂）作用下，缩聚成初期脲醛树脂，然后在固化剂或助剂作用下，形成不溶、不熔的末期热固性塑料。脲醛树脂的制备过程遵循弱碱 — 弱酸 — 弱碱的工艺过程。尿素与甲醛首先在弱碱性介质中反应，完成羟甲基化，形成初期中间产物，而后使反应液转为弱酸性介质。达到反应终点时，再把反应介质调至弱碱性贮存。

脲醛树脂的制备可以分为三步反应：加成反应、缩聚反应和固化反应。一般常说的脲醛树脂是水溶的或水分散的无序状态聚合物，是指初期脲醛树脂，也就是缩聚阶段的产物，而非固化后不溶、不熔的末期热固性塑料。在此重点讨论前两个反应阶段 —— 加成反应和缩聚反应。

（一）加成反应

加成反应是为了制备第二步缩聚反应的单体。加成反应是尿素与甲醛水溶液在中性或弱碱性介质中，进行羟甲基化反应（加成反应），生成一羟、二羟和三羟甲基脲同系物。这些羟甲基衍生物是构成未来缩聚物的单体。

当 1 mol 尿素与 <1 mol 的甲醛反应时，会生成一羟甲基脲。由于醛水合物中有两个羟基连在同一个碳上，这样的化合物在热力学上是很不稳定的，很容易失去一个水分子重新转变为醛和酮。

当 1 mol 尿素与 >1 mol 的甲醛反应时，会生成二羟甲基脲、三羟甲基脲和四羟甲基脲，但是生成的四羟甲基脲从未被分离出来过。

虽然在中性或弱碱性介质中都能合成脲醛树脂，但此阶段多是在弱碱性条件下进行，因为生成物更加稳定。

（二）缩聚反应

第一步加成反应在尿素分子中引入多羟甲基脲，从而导致第二步缩聚反应的发生。虽然缩聚反应在碱性和酸性条件下都能进行，但在碱性条件下进行得很慢，因此，合成脲醛树脂均在酸性条件下进行。在酸性条件下，主要的缩聚反应是由羟甲基脲之间或羟甲基脲与尿素之间发生的反应，形成初期脲醛树脂。

缩聚反应包括一羟甲基脲与尿素间的缩聚反应、二羟甲基脲与尿素间的缩聚反应、一羟甲基脲间的缩聚反应，如下所示。

一羟甲基脲与尿素间的缩聚反应：

$$NH_2CONHCH_2OH+NH_2CONH_2 \longrightarrow NH_2CONHCH_2NHCONH_2+H_2O$$

二羟甲基脲与尿素间的缩聚反应：

$$OHCH_2NHCONHCH_2OH + NH_2CONH_2 \longrightarrow OHCH_2NHCONHCH_2NHCONH_2 + H_2O$$

一羟甲基脲间的缩聚反应：

$$NH_2CONHCH_2OH + NH_2CONHCH_2OH \longrightarrow NH_2CONHCH_2NHCONHCH_2OH + H_2O$$

除此之外，还包括一羟甲基脲与二羟甲基脲间的缩聚反应，以及二羟甲基脲间的缩聚反应。缩聚反应包括价键的形成和水分的析出，因而，树脂的分子量不断增长，结构在不断变化。

另外，羟甲基和次甲基的比例，对脲醛树脂的许多性能，如黏度、贮存稳定性、水溶性等的影响很大。羟甲基和次甲基的比例则取决于尿素与甲醛的摩尔比、反应 pH、反应的温度和时间等。也就是说，脲醛树脂的性能由尿素与甲醛的摩尔比、反应体系的 pH、反应温度和时间等决定。

三、实验试剂与仪器

（一）实验试剂

甲醛、尿素、10% 氢氧化钠水溶液、10% 草酸水溶液。

（二）实验仪器

三口烧瓶、球形冷凝管、水浴锅、机械搅拌器、玻璃棒、量筒、烧杯。

四、实验步骤

固定三口烧瓶于铁架台，瓶底不能触碰水浴锅底，装搅拌系统，搅拌杆不能触碰三口烧瓶瓶底，装冷凝管，冷凝管通冷却水。

量取甲醛水溶液 73 mL（60g），加到三口烧瓶中，用 10% NaOH 水溶液调节甲醛 pH，使 pH=8.5 ～ 9；称取尿素 3 份，分别是 11.2 g、5.6 g、5.6 g（甲醛、尿素摩尔比为 1.93），向三口烧瓶中先加入 11.2 g 尿素，搅拌至溶解（由于吸热而降温，可缓慢升温至室温，以利溶解）；升温至 60 ℃，再加入 5.6 g 尿素，继续升温到 80 ℃，加入最后 5.6 g 尿素。在 80 ℃ 下，聚合反应 30 min；用少量 10% 草酸水溶液小心调节反应体系的 pH，使 pH=4.8 左右（注意观察自升温现象），继续维持温度在 80 ℃ 进行缩合反应；随时取脲醛胶滴入冷水中，观察在冷水中的乳化情况。当在冷水中出现乳化现象时，随时观测在 40 ℃ 温水中的乳化情况；当在温水中出现乳化现象后，立即用少量 10% NaOH 水溶液调节 pH=8.5 ～ 9，并降温终止反应；冷却至室温后，将脲醛树脂倒入烧杯中，进行后续表征测试。

五、数据处理

称量预先干燥的表面皿，记录表面皿质量，量取一定量的脲醛树脂放入表面皿并称量，然后放入烘箱，100 ℃ 干燥 1 h。冷却至室温，称干燥后的质量，称取3 份取平均值，计算固含量。

六、注意事项

① 在实验过程中用草酸溶液调节反应体系 pH 时要十分小心，切忌酸度过大。
② 在进行加聚反应、缩聚反应中防止温度骤然变化，否则易造成胶液混浊。

七、分析与思考

① 以脲醛树脂为例，简要说明缩聚反应的原理和特点。
② 结合实验操作说明脲醛树脂制备过程中应注意的问题有哪些。

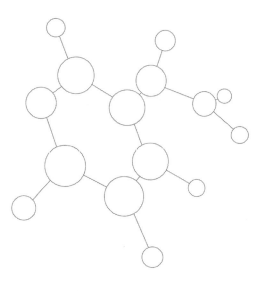

第三章
高分子结构和性能实验

实验一　乌氏黏度计法测定聚合物的平均分子量

一、实验目的

① 掌握使用黏度法测定聚合物分子量的基本原理。
② 掌握乌氏黏度计法测定聚合物与稀溶液黏度的实验技术及数据处理方法。

二、实验原理

黏度法是测定聚合物分子量的相对方法。聚合物分子量对聚合物的力学性能、溶解性、流动性均有极大影响。由于黏度法具有设备简单、操作方便、分子量适用范围广、实验精度高等优点，在聚合物的生产及科研中有十分广泛的应用。本实验是采用乌氏黏度计测定水溶液中聚乙烯醇黏度，进而测定出聚乙烯醇的分子量。

（一）黏性液体的牛顿型流动

黏性流体在流动过程中，由于分子间的相互作用，产生了阻碍运动的内摩擦力，黏度就是这种内摩擦力的表现。即黏度可以表征黏性液体在流动过程中所受阻力的大小。

按照牛顿的黏性流动定律，当两层流动液体间由于黏性液体分子间的内摩擦力在其相邻流层之间产生流动速度梯度是 dv/dr，液体对流动的黏性阻力为：

$$F / A = \eta \cdot dv/dr \quad \frac{F}{A} = \eta \frac{dv}{dr} \tag{3-1}$$

该式即为牛顿流体定律。

式中：η 为液体黏度，Pa·s；A 为平行板面积；F 为外力。

符合牛顿流体定律的液体称为牛顿型液体。高分子稀溶液在毛细管中的流动基本属于牛顿型流动。在测定聚合物的特性黏度 $[\eta]$ 时，以毛细管黏度计最为方便。

（二）聚合物溶液相关黏度参数

聚合物在稀溶液中的黏度反映它在流动过程所存在的内摩擦，这种流动过程中的内摩擦主要有：溶剂分子之间的内摩擦；聚合物分子与溶剂分子间的内摩擦；聚合物分子间的内摩擦。

其中，溶剂分子之间的内摩擦又称纯溶剂的黏度，用 η_0 表示；三种内摩擦的总和称为聚合物分子间的内摩擦，用 η 表示。

实践证明：在同一温度下，聚合物溶液的黏度一般要比纯溶剂的黏度大些，即有 $\eta > \eta_0$，黏度增加的分数叫增比黏度：

$$\eta_{sp} = \frac{\eta - \eta_0}{\eta_0} = \eta_r - 1 \tag{3-2}$$

式中：$\eta_r = \dfrac{\eta}{\eta_0}$ 为相对黏度，指明溶液黏度对溶剂黏度的相对值。

η_{sp} 则反映出扣除了溶剂分子间的内摩擦后，纯溶剂与聚合物分子之间，以及聚合物分子之间的内摩擦效应。

η_{sp} 随溶液浓度 c 而变化，η_{sp} 与 c 的比值 $\dfrac{\eta_{sp}}{c}$ 称为比浓黏度。$\dfrac{\eta_{sp}}{c}$ 仍随 c 而变化，但当 $c \to 0$，也就是溶液无限稀时，$\dfrac{\eta_{sp}}{c}$ 有一极限值为：

$$\lim_{c \to 0} \frac{\eta_{sp}}{c} = [\eta] \tag{3-3}$$

式中：$[\eta]$ 为特性黏度，它主要反映无限稀溶液中聚合物分子与溶剂分子之间的内摩擦。在无限稀溶液中，聚合物分子相距较远，它们之间的相互作用可忽略不计。

（三）泊肃叶定律

高分子溶液在均匀压力 p 作用下，流经半径为 R、长度为 L 的均匀毛细管，根据牛顿黏性定律，可以导出泊肃叶公式：

$$\eta = \frac{\pi g h R^4 \rho t}{8LV} \tag{3-4}$$

式中：g 为重力加速度；ρ 为流体的密度；V 为流出体积；t 为流出时间。

由于液体在毛细管内流动存在位能，除克服部分内摩擦力外，还会使其获得动能，结果导致实测值偏低。因此，必须对泊肃叶公式作必要的修正：

$$\eta = \frac{\pi g h R^4 \rho t}{8LV} - \frac{m \rho V}{8\pi L t} \tag{3-5}$$

式中：m 为毛细管两端液体流动有关常数。

若令 $A=\dfrac{\pi ghR^4}{8LV}$；$B=\dfrac{mV}{8\pi L}$，式（3-5）可简化为：

$$\frac{\eta}{\rho}=At-\frac{B}{t} \tag{3-6}$$

（四）聚合物溶液黏度的测定

采用乌氏黏度计测定聚合物溶液的黏度时，常用到以下两个参数。

1. 相对黏度

$$\eta_{r}=\frac{\eta}{\eta_0} \tag{3-7}$$

2. 增比黏度

$$\eta_{sp}=\frac{\eta-\eta_0}{\eta_0} \tag{3-8}$$

式中：η 为聚合物溶液黏度；η_0 为纯溶剂黏度。

整合式（3-5）和式（3-6），即有：

$$\eta_{r}=\frac{\rho}{\rho_0}\cdot\frac{At-B/t}{At_0-B/t_0} \tag{3-9}$$

在实验中，如果仪器设计得当且溶剂选择合适，可以忽略动能改正影响，式（3-7）还可简化为：

$$\eta_{r}=\frac{\rho}{\rho_0}\cdot\frac{At}{At_0}=\frac{\rho t}{\rho_0 t_0} \tag{3-10}$$

又因为在实验中，通常在极稀溶液中进行，所以 $\rho\approx\rho_0$，因此，式（3-1）～式（3-5）和式（3-8）可改写为：

$$\eta_{r}=t/t_0 \tag{3-11}$$

$$\eta_{sp}=(t-t_0)/t_0 \tag{3-12}$$

式中：t 和 t_0 分别为聚合物溶液和纯溶剂的流出时间。

显然，在一定温度下测定纯溶剂和不同浓度的聚合物溶液流出的时间，即可求出各种浓度下的 η_r 和 η_{sp}。

黏度除与分子量有关外，对溶液浓度也有很大的依赖性。表达溶液黏度与浓度的经验方程式有很多，应用较为广泛的有 Huggins 和 Kraemer 公式，分别为：

$$\frac{\eta_{sp}}{c}=[\eta]+k'[\eta]^2c \qquad (\text{Huggins}) \tag{3-13}$$

$$\frac{\ln\eta_{r}}{c}=[\eta]-\varPhi[\eta]^2c \qquad (\text{Kraemer}) \tag{3-14}$$

式中：c 为溶液浓度；k' 和 $\varPhi$ 均为常数。

如果用 η_{sp}/c 或 $\ln\eta_r/c$ 对 c 作图（图3-1），并外推到 $c\to0$，两条直线在纵坐

标上交于一点，其截距即 [η]。用公式为表示为：

$$\lim_{c \to 0} \frac{\eta_{sp}}{c} = \lim_{c \to 0} \frac{\eta_r}{c} = [\eta] \qquad (3\text{-}15)$$

式中：[η] 为聚合物溶液的特性黏度。

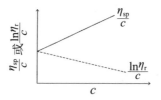

图 3-1　$\frac{\eta_{sp}}{c}$ 对 c 和 $\frac{\ln\eta_r}{c}$ 对 c 关系图

（五）聚合物溶液的特性黏度与分子量的关系

溶液体系确定之后，在一定温度下，聚合物溶液的特性黏度值与聚合物的分子量有关。这种关系满足 Mark-Houwink 方程，即：

$$[\eta] = KM^{\alpha} \qquad (3\text{-}16)$$

式中：K、α 均为常数，其值与聚合物、溶剂、温度和分子量分布范围有关，可从有关手册中查到聚乙烯醇在 25 ℃，水作溶剂时的 K、α 值，由此计算聚合物的平均分子量。

三、实验试剂与仪器

（一）实验试剂

聚乙烯醇、蒸馏水、硝酸钠。

（二）实验仪器

乌氏黏度计、恒温水浴锅、容量瓶、移液管、秒表、洗耳球。图 3-2 为实验装置示意图。

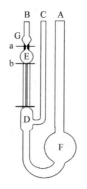

图 3-2　实验装置示意图

四、实验步骤

（一）装配恒温水浴锅

将恒温水浴锅的水浴温度调节为 25 ℃。

（二）聚合物溶液的配置

称取干燥的聚乙烯样品 0.5 g（精确到 0.1 mg），小心倒入 100 mL 容量瓶中，先加入 20 mL 蒸馏水，使其充分溶解，然后用蒸馏水稀释到刻度，备用。

（三）黏度计的洗涤

黏度计的洗涤是决定实验成败的关键之一。对于新的黏度计，要先用洗液洗涤，再用蒸馏水洗涤三次，烘干待用。对于已经用过的黏度计，先用甲苯洗涤，再用洗液、蒸馏水依次洗涤。

（四）溶液流出时间的测定

将黏度计 B、C 管分别套上医用胶管，垂直夹于恒温水槽中，后用移液管吸取 8 mL 溶液，自 A 口加入，恒温 15 min，用一只手捏住 C 上的胶管，用洗耳球从 B 管把液体缓慢抽到 G 球，停止抽气，把连接 B、C 管的胶管同时放开，让空气进入 D 球，B 管液面开始下降，等到弯月面到达刻度 a 时开始计时，到达 b 时停止计时，记录液体流经 a、b 的时间为 t_1，如此重复，取流出时间 t_1 相差不超过 0.2 s 的连续三次的平均值。

用移液管依次再加入溶剂 4 mL、4 mL、8 mL、8 mL，使溶液的浓度稀释为起始浓度的 2/3、1/2、1/3、1/4，分别测定流出时间为 t_2、t_3、t_4、t_5（加溶剂后必须用洗耳球鼓泡并抽上 G 球三次，以确保混合均匀）。

（五）纯溶剂流出时间的测定

倒出溶液，用水溶剂洗涤三次，再按照上述方法测定纯溶剂水的流出时间 t_0。

五、数据处理

① 准确记录温度、溶剂、溶剂密度、流出时间、试样浓度等实验数据。
② 根据实验原理作图即可。查表可知，25℃ 时，K=0.596 mL/g，α=0.63，求出聚乙烯醇的分子量。

③ 回顾高分子物理黏度的基本参数与定义，加深理解。

六、注意事项

① 黏度计和待测液体的洁净是决定实验成功的关键。由于黏度计内毛细管细小，很小的杂质如灰尘、纤维等都能阻塞毛细管或影响液体的流动，使测定的流出时间不可靠，所以放入黏度计的液体必须经 $2^{\#}$ 或 $3^{\#}$ 熔砂漏斗滤过。洗涤时所用的溶剂、洗液、自来水、蒸馏水等都应经过过滤，以保证黏度计等玻璃仪器的清洁无尘。

② 使用乌式黏度计时，要在同一支黏度计内测定一系列浓度成简单比例关系的溶液的流出时间，每次吸取和加入的液体的体积要很准确。为了避免温度变化可能引起的体积变化，溶液和溶剂应在同一温度下移取。

③ 在每次加入溶剂稀释溶液时，必须将黏度计内的液体混合均匀，还要将溶液吸到 a 线上方的小球内两次，润洗毛细管，否则溶液流出时间的重复性差。

④ 本实验没有考虑液体在毛细管流动时能量损耗的主要部分，即动能消耗的影响（动能校正项的影响）。这是因为一般都选择纯溶剂流出时间大于 100 s 的黏度计，动能校正项对相对黏度的影响很小，往往可以忽略。但当液体流速较大（如纯溶剂的流出时间小于 100 s）时，必须进行动能校正。

⑤ 黏度计易破碎，应注意轻拿轻放。同时，黏度计要垂直，读数要精准。

七、分析与思考

① 用黏度法测定聚合物相对分子质量的依据是什么？
② 为什么要将黏度计的两个小球浸没在恒温水面以下？
③ 为什么说黏度法是测定聚合物相对分子质量的相对方法？在手册中查阅、选用 K 值时应注意什么问题？为什么？
④ 用一点法处理实验数据，并与外推法的结果进行比较，结合外推法得到的 Huggins 方程常数对结果进行讨论。

实验二　浊点法测定聚合物的溶度参数

一、实验目的

① 了解聚合物的溶度参数和测定聚合物的溶度参数的基本方法。

② 掌握用浊度滴定法测定聚合物的溶度参数。

二、实验原理

（一）溶解

溶质分子通过分子扩散与溶剂分子均匀混合成为分子分散的均相体系。聚合物的溶解分为以下两个过程。

① 溶胀。溶剂分子渗入聚合物内部，使聚合物体积膨胀。

② 溶解。高分子均匀分散到溶剂中，形成完全溶解的分子分散的均相体系。

（二）溶剂选择

溶解聚合物时可按以下 3 个原则选择溶剂：极性相近原则、溶度参数相近原则、溶剂化原则。

（三）溶度参数

溶解过程是溶质分子和溶剂分子相互混合的过程。

$$\Delta G_M = \Delta H_M - T\Delta S_M \tag{3-17}$$

溶解自发进行的必要条件：

$$\Delta G_M \leqslant 0 \tag{3-18}$$

溶解过程中：

$$\Delta S_M > 0 \tag{3-19}$$

$$-T\Delta S_M < 0 \tag{3-20}$$

因此，是否能溶解取决于 ΔH_M 的值。

若 $\Delta H_M > 0$，$\Delta G_M < 0$，为自发溶解；

若 $\Delta H_M < 0$，$|\Delta H_M| < |T\Delta S|$，$\Delta G_M < 0$，为自发溶解；

若 $\Delta H_M > 0$，$|\Delta H_M| > |T\Delta S|$，$\Delta G_M > 0$，为非自发溶解。

极性聚合物溶于极性溶剂中，如果有强烈相互作用，一般会放热，$\Delta H_M < 0$，溶解过程自发进行。

大多数非极性聚合物溶解时 $\Delta H_M > 0$，因而溶解过程能否自发进行取决于 ΔH_M 和 $T\Delta S_M$ 的相对大小，$\Delta H_M < T\Delta S_M$ 时能进行溶解。

（四）希尔德布兰溶度公式

希尔德布兰溶度公式为：

$$\Delta H_M = V_M \Phi_1 \Phi_2 [(\Delta E_1/V_1)^{1/2} - (\Delta E_2/V_2)^{1/2}]^2 = V_M \Phi_1 \Phi_2 [\delta_1 - \delta_2]^2 \tag{3-21}$$

式中：V_M 为混合后的总体积；Φ_1、Φ_2 为溶剂、聚合物的体积分数；ΔE_1、ΔE_2 为溶剂、聚合物的摩尔内聚能；$\Delta E_1/V_1$、$\Delta E_2/V_2$ 为溶剂、聚合物的内聚能密度，是在零压力下单位体积的液体变成气体的气化能；δ_1、δ_2 分别为溶剂和聚合物的溶度参数，即为内聚能密度的平方根。

由上式可见，δ_1 和 δ_2 的差越小，ΔH_M 越小，越有利于溶解。

内聚能密度是分子间聚集能力的反映。从溶质的内聚能密度来看，若同溶剂的内聚能密度相近，体系中两类分子的相互作用力彼此相近，那么，破坏高分子和溶剂分子的各自的分子间相互作用，建立起高分子和溶剂分子之间的相互作用，这一过程所需的能量就低，聚合物就易于发生溶解。因此要选择同高分子内聚能密度相近的小分子做溶剂。在高分子溶液研究中，更常用的是溶度参数 δ，定义为内聚能密度的平方根。

（五）浊度滴定法

在二元互溶体系中，只要某聚合物的溶度参数 δ_p 在两个互溶溶剂的 δ 值的范围内，便可能调节这两个互溶混合溶剂的溶度参数，使 δ_{sm} 和 δ_p 很接近，这样，只要把两个互溶溶剂按照一定的比配制成混合溶剂，该混合溶剂的溶度参数 δ_{sm} 可近似地表示为：

$$\delta_{sm}=\varphi_1\delta_1+\varphi_2\delta_2 \tag{3-22}$$

式中：φ_1、φ_2 分别为溶液中组分 1 和组分 2 的体积分数；δ_1、δ_2 分别为溶液中组分 1 和组分 2 的溶度参数。

浊度滴定法是将待测聚合物溶于某一溶剂中，然后用沉淀剂（能与该溶剂混溶）滴定，直至溶液开始出现混浊为止。这样便得到在混浊点时混合溶剂的溶度参数 δ_{sm}。

聚合物溶于二元互溶溶剂的体系中，允许体系的溶度参数有一个范围。本实验选用两种具有不同溶度参数的沉淀剂来滴定聚合物溶液，这样可以得到溶解该聚合物混合溶剂参数的上限和下限，然后取其平均值，即为聚合物的 δ_p 值。

$$\delta_p=\frac{1}{2}(\delta_{mh}+\delta_{ml}) \tag{3-23}$$

式中：δ_{mh} 和 δ_{ml} 分别为高、低溶度参数的沉淀剂滴定聚合物溶液，在混浊点时混合溶剂的溶度参数。

当使用混合溶剂时，混合溶剂的溶度参数近似计算为：

$$\delta_{sm}=\sum\varphi_i\delta_i \tag{3-24}$$

式中：φ_i、δ_i 分别为组分 i 的体积分数和溶度参数。

式（3-23）的计算时有条件限制，只有当 $V_{ml}=V_{mh}$ 时才适用，即混合后体积的变化等于零，而大多数情况下，$V_{ml} \neq V_{mh}$，此时，可用下式进行计算：

$$\delta_p = \frac{\delta_{ml}\sqrt{V_{ml}} + \delta_{mh}\sqrt{V_{mh}}}{\sqrt{V_{ml}} + \sqrt{V_{mh}}} \tag{3-25}$$

式中：V_{ml}、V_{mh} 分别为溶度参数为 δ_{ml}、δ_{mh} 的两种混合溶剂的平均摩尔体积。

混合溶剂的平均摩尔体积 V_m 由两组分的体积分数和摩尔体积计算为：

$$V_m = \frac{V_1 V_2}{\varphi_1 V_2 + \varphi_2 V_1} \tag{3-26}$$

式中：V_1、V_2 和 φ_1、φ_2 分别为两组分的（溶剂和沉淀剂）的摩尔体积和体积分数。

常用有机溶剂的摩尔体积可以查阅相关表格。

三、实验试剂与仪器

（一）实验试剂

聚苯乙烯、三氯甲烷（氯仿）、正己烷、甲醇。

（二）实验仪器

酸式滴定管、具塞三角烧瓶、移液管、容量瓶、烧杯。

四、实验步骤

（一）溶剂和沉淀剂的选择

确定聚合物样品溶度参数 δ_p 的范围。取少量样品，在不同 δ 的溶剂中做溶解试验，在室温下，如果不溶或溶解较慢，可以把聚合物和溶剂一起加热，并把热溶液冷却至室温，以不析出沉淀才认为是可溶的。从中挑选合适的溶剂和沉淀剂。

（二）根据选定的溶剂配制聚合物溶液

称取 0.2 g 左右的聚苯乙烯粉末样品，溶于 25 mL 氯仿中。

（三）确定聚合物溶度参数的上限

用溶度参数大于溶剂溶度参数的非溶剂来确定聚合物溶度参数的上限。

用移液管吸取 5 mL 溶液，置于一具塞三角烧瓶中，用甲醇滴定聚合物溶液，控制滴加速度，不断摇晃锥形瓶，直到肉眼看到沉淀不消失为止，近似朦胧时，即为浊点，记录甲醇的体积。

（四）记录甲醇用量

将聚合物溶液分别稀释为初始浓度的 2/3、1/2、1/4，即分别取 5 mL 聚苯乙烯—氯仿溶液，分别加入 2.5 mL、5 mL、15 mL 氯仿，并分别放入锥形瓶中，用甲醇滴定，直到出现浊点，记录甲醇用量。

（五）确定聚合物溶度参数的下限

用溶度参数小于溶剂溶度参数的沉淀剂来确定聚合物溶度参数的下限。用移液管吸取 5 mL 溶液，用正己烷滴定，直到出现浊点，记录正己烷用量。

五、数据处理

① 计算混合溶剂的溶度参数（δ_{mh} 和 δ_{ml}）和聚合物的溶度参数 δ_p。
② 参照高分子物理教材，采用估算法计算聚合物的溶度参数。
③ 将实验和计算所得到的聚合物溶度参数与文献值相比较，计算相对误差，并分析误差产生的原因。

六、注意事项

① 滴定时滴加速度不宜过快，时刻注意观察，锥形瓶要不断摇晃。
② 从滴定管读数务必要精确。
③ 溶液要密封，避免溶剂挥发。
④ 安全规范操作，注意人身安全。

七、分析与思考

① 在浊度滴定法测定聚合物溶度参数时，应根据什么原则考虑适当的溶剂及沉淀剂？溶剂与聚合物之间溶度参数相近是否一定能保证二者相容？为什么？
② 在用浊度滴定法测定聚合物的溶度参数中，聚合物溶液的浓度对 δ_p 有何影响？为什么？

实验三　聚合物材料的维卡软化点的测定

一、实验目的

① 了解热塑性塑料的维卡软化点的测试方法。
② 测定聚丙烯（PP）试样的维卡软化点。

二、实验原理

聚合物的耐热性能，通常是指它在温度升高时保持其力学性质的能力。聚合物材料的耐热温度是指在一定负荷下，其到达某一规定形变值时的温度。发生形变时的温度通常称为塑料的软化点（T_S）。因为不同测试方法各有其规定选择的参数，所以软化点的物理意义不像玻璃化转变温度那样明确。常用维卡（Vicat）耐热和马丁（Martens）耐热，以及热变形温度测试方法测试塑料耐热性能。不同方法的测试结果相互之间无定量关系，它们可用来对不同塑料作相对比较。

维卡软化点（VST）是测定热塑性塑料于特定液体传热介质中，在一定的负荷、一定的等速升温条件下，试样被 1 mm² 针头压入 1 mm 时的温度。本方法仅适用于大多数热塑性塑料。实验测得的维卡软化点适用于控制质量和作为鉴定新品种热性能的一个指标，但不代表材料的使用温度。现行 VST 的国家标准为 GB/T 1633—2000。

三、实验试剂与仪器

（一）实验试剂

维卡实验中，试样厚度应为 3 ～ 6.5 mm，长和宽不小于 10 mm，或直径大于 10 mm。试样的两面应平行，表面平整光滑，无气泡、锯齿痕迹、凹痕或裂痕等缺陷。每组试样为 2 个。

模塑试样厚度为 3 ～ 4 mm 时，板材试样厚度取板材厚度。但板材试样厚度超过 6 mm 时，应在试样一面加工成 3 ～ 4 mm。如厚度不足 3 mm 时，则可由不超过 3 块叠合成厚度大于 3 mm 来测定。

本试验机也可用于热变形温度测试，热变形试验选择斧刀式压头，长条形试样，试样长度约为 120 mm，宽度为 3 ～ 15 mm，高度为 10 ～ 20 mm。

（二）实验仪器

XRW-300E 微机控制热变形维卡软化点温度试验机。负载杆压针头长 3 ～ 5 mm，横截面积为（1.000±0.015）mm²，压针头平端与负载杆呈直角，不允许带毛刺等缺陷。加热浴槽选择对试样无影响的传热介质，如硅油、变压器油、液体石蜡、乙二醇等，室温时黏度较低。本实验选用甲基硅油为传热介质。可调等速升温速度为（5±0.5）℃/6 min 或（12±1.0）℃/6 min。

试样承受的静负载 G 为：

$$G=W+R+T \tag{3-27}$$

式中：W 为砝码质量；R 为压针及负载杆的质量（本实验装置负载杆和压头为 95 g，位移传感器测量杆质量为 10 g）；T 为变形测量装置附加力。负载有两种选择：G_A=1 kg、G_B=5 kg。装置测量形变的精度为 0.01 mm。

四、实验步骤

按照"工控机 — 计算机 — 主机"的开机顺序打开设备的电源开关，让系统启动并预热 10 min。

开启 PowerTest 软件，检查软件显示的位移传感器值、温度传感器值是否正常。正常情况下，位移传感器值显示值应该为 -1.9 ～ 1.9，随传感器头的上下移动而变化。

在主界面中选择"试验"，依据试验要求，选择试验方案名为维卡温度测试，选择试验结束方式，维卡测试定形变为 1 mm，升温速度设为 100 ℃/h。填好后，按"确定"，微机显示"实验曲线图"界面，点击实验曲线图中的"实验参数"及"用户参数"，检查参数设置是否正确。

按一下主机面板的"上升"按钮，将支架升起，选择维卡测试所需的针式压头装在负载杆底端。安装时，压头上标有的编号印迹应与负载杆的印迹一一对应。抬起负载杆，将试样放入支架，然后放下负载杆，使压头位于其中心位置，并与试样垂直接触，试样另一面紧贴支架底座。

按"下降"按钮，将支架小心浸入油浴槽中，使试样位于液面 35 mm 以下。浴槽的起始温度应低于材料的维卡软化点 50 ℃。

按测试需要选择砝码，使试样承受负载 950 g、1 kg（10 N）或 5 kg（50 N）。本实验选择 50 N 砝码，小心地将砝码凹槽向上平放在托盘上，并在其上面中心处放置一小磁钢针。

下降 5 min 后，上下移动位移传感器托架，使传感器触点与砝码上的小钢磁针直接垂直接触，观察计算机上各通道的变形量，使其达到 -1 ～ 1 mm，然后调节微调旋钮，令计算机显示屏上各通道的显示值在 -0.01 ～ 0.01 mm。

点击各通道的"清零"键，对主界面窗口中各通道形变清零。

在"试验曲线"界面中点击"运行"键进行。装置按照设定速度等速升温。显示屏显示各通道的形变情况。当压针头压入试样 1 mm 时，实验自行结束，此时的温度即为该试样的维卡软化点。实验结果以"年—月—日—时—分试样编号"作为文件名，自动保存在"DATA"子目录中。材料的维卡软化点以两个试样的算术平均值表示，同组试样测定结果之差应小于 2 ℃。

当达到预设的变形量或温度时，实验自动停止后，打开冷却水源进行冷却。然后向上移动位移传感器托架，将砝码移开，升起试样支架，将试样取出。

实验完毕后，依次关闭主机、工控机、打印机、计算机电源。

五、数据处理

点击主界面菜单栏中的数据处理图标，进入"数据处理"窗口，然后点击"打开"，双击所需的实验文件名，点击"结果"，可查看试样维卡温度值，记录试样在不同通道的维卡温度，计算平均值。

点击"报告"，出现"报告生成"窗口，勾选"固定栏"的试验方案参数，以及"结果栏"的内容，如试样名称、起始温度、砝码重、传热介质等。按"打印"按钮打印实验报告。

六、注意事项

① 计算机要严格按照系统要求一步一步退出系统，否则会损坏部分程序，导致软件无法正常使用。

② 不要读写与本实验无关的软盘，以免病毒感染。

③ 开机后，机器要预热 10 min，待机器稳定后，再进行实验。若刚刚关机，需要再开机，时间间隔不得少于 10 min。

④ 任何时候都不能带电拔插电源线和信号线，否则很容易损坏控制元件。除在室温下安放试样外，不要将手伸入油箱或触摸靠近油箱的部位，以免烫伤。

⑤ 实验前应先进行清零，清零的最佳范围为 4 ～ 5 mm。

七、分析与思考

① 影响维卡软化点测试的因素有哪些？

② 材料的不同热性能测定数据是否具有可比性？

③ 简述玻璃化转变温度和维卡软化温度的异同。

实验四 偏光显微镜法观察聚合物的球晶形态并测定球晶的径向生长速率

一、实验目的

① 了解偏光显微镜的结构及使用方法。

② 观察聚合物的结晶形态，估算聚丙烯球晶大小。

二、实验原理

研究聚合物晶体结构形态的主要方法有电子显微镜、偏光显微镜和小角光散射法等。其中偏光显微镜法是目前实验室中较为简便且实用的方法。偏光显微镜是利用光的偏振特性对双折射物质（晶体）进行研究和鉴定的重要仪器之一，用途广泛。例如，聚合物熔融和结晶过程中形态观察、结晶速率及动力学计算等。

晶体和无定形体是聚合物聚集态的两种基本形式，很多聚合物都能结晶，得到单晶、球晶、纤维素晶等。聚合物从浓溶液中析出或者熔体冷却结晶时，倾向于生成比单晶复杂的多晶聚集体，通常呈球形，故称球晶。球晶是聚合物最常见的结晶形态。而聚合物的实际使用性能与材料内部的结晶形态、晶粒大小及完善程度都有密切的关系，因此，对聚合物球晶的形态与尺寸等研究具有重要的理论和现实意义。偏光显微镜是研究聚合物球晶简单有效的方法。

（一）偏光显微镜的基本构造

偏光显微镜的类型较多，但它们的构造基本相似，如图 3-3 所示。

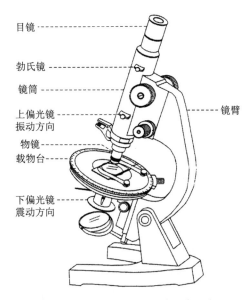

目镜

勃氏镜

镜筒

上偏光镜
振动方向

物镜
载物台

下偏光镜
震动方向

镜臂

图 3-3 偏光显微镜的基本构造示意图

① 镜臂：呈弓形，其下端与镜座相连，上部装有镜筒。

② 下偏光镜：位于反光镜之上，从反光镜反射来的自然光通过下偏光镜后，即成为振动方向固定的偏光，通常用 PP 代表下偏光镜的振动方向。下偏光镜可以转动，以便调节其振动方向。

③ 载物台：一个可以转动的圆形平台。边缘有刻度（0° ～ 360°），附有游标尺，读出的角度可精确至 0.1°。同时配有固定螺丝，用以固定载物台。载物台中央有圆孔，是光线的通道。载物台上有一对弹簧夹，用以夹持光片。

④ 镜筒：为长的圆筒形，安装在镜臂上。转动镜臂上的粗动螺丝或微动螺丝可用以调节焦距。镜筒上端装有目镜，下端装有物镜，中间有试板插入孔、上偏光镜和勃氏镜。

⑤ 物镜：由 1 ～ 5 组复式透镜组成。其下端的透镜称前透镜，上端的透镜称后透镜。前透镜越小，镜头越长，其放大倍数越大。每台显微镜附有 3 ～ 7 个不同放大倍数的物镜。每个物镜上刻有放大倍数、数值孔径、机械筒长、盖玻片厚度等。数值孔径表征了物镜的聚光能力，放大倍数越高的物镜，其数值孔径越大，而对于同一放大倍数的物镜，数值孔径越大，则分辨率越高。

⑥ 目镜：由两片平凸透镜组成，目镜中可放置十字丝、目镜方格网或分度尺等。显微镜的总放大倍数为目镜放大倍数与物镜放大倍数的乘积。10×10 表示物镜和目镜的放大倍数分别都为 10，也就是放大 100 倍，那么照片中的 10 mm 就是实际中的 100 μm。

⑦ 上偏光镜：其构造及作用与下偏光镜相同，但其振动方向（以 AA 表示）与下偏光镜振动方向（以 PP 表示）垂直。上偏光镜可以自由推入或拉出。

⑧勃氏镜：位于目镜与上偏光镜之间，是一个小的凸透镜，根据需要可推入或拉出，起放大的作用。

（二）偏光显微镜的工作原理

1.双折射

光束入射到各向异性的晶体上时，入射光分解为两束光而沿不同方向折射的现象。它们为振动方向互相垂直的线偏振光。

2.偏振光与自然光

光波是电磁波，传播方向与振动方向垂直。如果定义由光的传播方向和振动方向所组成的平面叫振动面，那么对于自然光，它的振动方向虽然永远垂直于光的传播方向，但振动面却时时刻刻在改变。在任一瞬间，振动方向在垂直于光的传播方向的平面内可以取所有可能的方向，没有一个方向占优势。如图3-4所示，箭头代表振动方向，传播方向垂直于纸面。

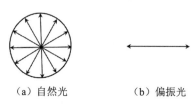

（a）自然光　　　　　　（b）偏振光

图 3-4　自然光和偏振光示意图

太阳光和一般光源发出的光都是自然光。自然光在通过尼科耳棱镜或人造偏振片以后，光线的振动被限制在某一个方向，这样的光叫作线偏振光或平面偏振光。

3.起偏器与检偏器

能够将自然光变成线偏振光的仪器叫作起偏振器，简称起偏器。通常使用较多的是尼科耳棱镜和人造偏振片。

尼科耳棱镜是用方解石晶体按一定的工艺制成的，当自然光以一定角度入射时，由于晶体的双折射效应，入射光被分成振动方向互相垂直的两条线偏振光——平行光和垂直光，其中垂直光全被反射掉了，而平行光射出。

人造偏振片是利用某些有机化合物（如碘化硫酸奎宁）晶体的二向色性制成的。把这种晶体的粉末沉淀在硝酸纤维薄膜上，用电磁方法使晶体C轴指向一致，排成极细的晶线。只有振动方向平行于晶线的光才能通过，从而成为线偏振光。

起偏器既能够用来使自然光变成线偏振光，反过来，又能被用来检查线偏振光，这时，它被称为检偏器或分析器。例如，两个串联放着的尼科耳棱镜，靠近光源的一个是起偏器，另一个便是检偏器。当它们的振动方向平行时，透过的光强最大；而当它们的振动方向垂直时，透过的光强最弱。这种情况，我们称为"正交偏振"。

4.偏光显微镜

偏光显微镜是利用光的偏振特性，对晶体、矿物、纤维等有双折射的物质进行观察研究的仪器。它的成像原理与生物显微镜相似，不同之处是在光路中加入两组偏振器（起偏器和检偏器），以及用于观察物镜后焦面产生干涉像的勃氏透镜组。由光源发出的自然光经起偏器变为线偏振光后，照射到置于工作台上的聚合物晶体样品上，由于晶体的双折射效应，这束光被分解为振动方向互相垂直的两束线偏振光。这两束光不能完全通过检偏器，只有其中平行于检偏器振动方向的分量才能通过。通过检偏器的这两束光的分量具有相同的振动方向与频率，但速度不同，从而产生干涉效应。由干涉色的级序可以测定晶体薄片的厚度和双折射率等参数。在偏振光条件下，还可以观察晶体的形态、测定晶粒大小和研究晶体的多色性等。图 3-5 为偏光显微镜装置示意图。

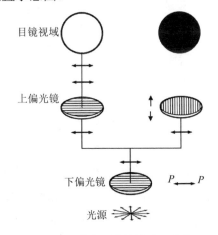

图 3-5　偏光显微镜装置示意图

透明材料可划分为均质体和非均质体。

①均质体的光学性质在各个方向相同。光波在均质体中传播时，无论在任何方向振动，传播速度与折射率值不变。光波入射均质体发生单折射现象，不发生双折射也不改变入射光振动性质。入射光为自然光，折射光仍为自然光。入射光为单偏光，折射光仍为单偏光。

在正交偏光镜间的均质体材料因为不发生双折射，也不改变光的振动方向，故由下偏光镜上来的偏光通过这种材料后，其振动方向与上偏振片的振动方向垂直，使其不能通过上偏光镜而呈现黑暗，称为消光现象。旋转物台 360°，消光现象不发生变化，称为全消光。

②非均质体的光学性质随方向而异，光波在非均质体中传播时，传播速度和

折射率随振动方向的不同而发生改变。光波入射非均质体，除特殊方向以外，会改变其振动特点，分解成振动方向互相垂直、传播速度不同、折射率不等的两条偏振光，这种现象就称为双折射。

在正交偏光镜间的非均质体材料（除了垂直光轴切片），因为从下偏振片上来的偏光射入后，发生了双折射作用而分解为振动方向互相垂直的两束偏光，旋转物台一周，两束偏光的振动方向共有 4 次平行上、下偏光镜的振动方向，因而视域会发生 4 次黑暗的消光现象。在每次消光之间，因为发生干涉作用而出现各种颜色的干涉色，以 45° 位置时的干涉色亮度最强，如图 3-6 所示。所以，在正交偏光镜间出现 4 次消光和 4 次干涉现象的材料为非均质体。

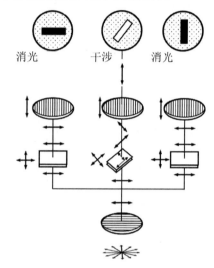

消光　　干涉　　消光

图 3-6　晶体在正交偏光镜间的消光和干涉现象

当一束偏振光通过球晶时，即在平行于分子链和垂直于分子链的方向上有不同的折光率发生双折射，分为两束电矢量相互垂直的偏振光，即这两束光分别平行和垂直于球晶半径的方向。由于两方向的折射率不同，两束光通过样品的速度是不等的，其必然会产生一定的相位差而发生干涉现象。通过球晶的部分光可以通过与起偏镜处于正交位置的检偏镜，另一部分区域的光线不能通过，最后形成亮暗区域，呈现出球晶特有的黑十字消光图案（称为 Maltese 黑十字）。

（三）偏光显微镜的使用方法

1. 打开电源

在显微镜底部打开电源，目镜中可看到是亮的，打开计算机及测试软件。

2. 调节照明

装上中倍物镜和目镜后，推出上偏光镜和勃氏镜，打开锁光圈，转动光强调节旋钮，直到视域全亮。如果视域总是不明亮，检查光路上是否有别的阻碍。

3. 调节焦距

调节焦距主要是为了能使物像清晰可见，其步骤如下。

① 将欲观察的薄片置于物台上，用夹子夹紧（注意盖玻片必须向上）。

② 从侧面看镜头，旋转粗调螺丝，将镜筒上升到最高位置（注意高倍镜要下降到几乎与薄片接触为止）。

③ 从目镜中观察，拧动粗调螺丝使镜筒缓缓向下，直到视域中物像清楚为止。如果物像不够清楚，可转动微调螺丝使之清楚。

④ 准焦后，物镜和薄片之间的距离因放大倍数的不同而不同。放大倍数低，两者距离长，反之短。所以调节高倍镜时要特别小心，切忌眼睛只看镜筒里面的图像而下降镜筒，这样最容易压碎薄片而使镜头损坏。

4. 检查上、下偏光镜振动方向

检查上、下偏光镜振动方向是否垂直，其步骤如下：推入上偏光镜，观察视域中黑暗程度如何。如果不够黑暗，说明上、下偏光镜振动方向不正交，需转动下偏光镜，至视域最暗为止。注意上偏光镜振动方向已经固定，不宜再动，下偏光镜偏光片可转动调节，并使二者正交。

三、实验试剂与仪器

（一）实验试剂

聚丙烯。

（二）实验仪器

偏光显微镜、加热台。

四、实验步骤

① 观察不同倍数下聚丙烯剧冷条件下的晶体形貌和黑十字消光图案（急速冷却后）。

② 观察不同倍数下聚丙烯缓慢冷条件下的晶体形貌和黑十字消光图案。

③ 观察不同倍数下聚丙烯冷却条件下的晶体形貌和黑十字消光图案（在载物台上冷却）。

五、数据处理

准确记录不同倍数下的晶体形貌和黑十字消光图案，并在图中标明黑十字消光图案。

六、注意事项

① 加热台温度较高，谨防烫伤。
② 调节显微镜一定要小心，遵循先粗调、再微调的原则，小心损害物镜。

七、分析与思考

① 简述偏光显微镜使用原理。
② 简述结晶聚合物的黑十字消光图案。

实验五　密度法测定聚合物的结晶度

一、实验目的

① 掌握密度法测定聚合物结晶度的基本原理。
② 区别和理解用体积分数和质量分数表示的结晶度。
③ 掌握比重瓶的正确使用方法。

二、实验原理

聚合物密度是聚合物物理性质的一个重要指标，是判定聚合物产物、指导成型加工和探索聚集结构与性能之间关系的一个重要数据。尤其是结晶性聚合物。结晶度是聚合物性质中很重要的指标，密度与表征内部结构规则程度的结晶度有密切的关系。因此，通过聚合物密度和结晶度的测定，研究结构状态，进而控制材料的性质。

聚合物结晶度的测定方法很多，如 X 射线衍射法、红外吸收光谱法、差热分析法、反相色谱法等，但这些方法都需要复杂的仪器设备，而用密度法从测得的密度换算到结晶度，使用的设备简单且数据可靠，是测定结晶度的常用方法。

结晶性聚合物都是部分结晶的，即晶体和非晶体共存。而晶体和非晶体的密度不同，晶区密度（ρ_c）高于非晶区密度（ρ_a），因此同一聚合物由于结晶度不同，样品的密度不同，且结晶聚合物试样的密度等于晶区和非晶区密度的线性加和，则有：

$$\rho = f_c^V \rho_c + (1 - f_c^V)\rho_a \tag{3-28}$$

进而可得：

$$f_c^V = \frac{\rho - \rho_a}{\rho_c - \rho_a} \tag{3-29}$$

如果采用两相结合的模型，并假定比容具有加和性，即结晶聚合物试样的比容（密度的倒数）等于晶区和非晶区比容的线性加和，可得：

$$v = f_c^W v_c + (1 - f_c^W)v_a \tag{3-30}$$

则有：

$$f_c^W = \frac{v_a - v}{v_a - v_c} = \frac{\dfrac{1}{\rho_a} - \dfrac{1}{\rho}}{\dfrac{1}{\rho_a} - \dfrac{1}{\rho_c}} \tag{3-31}$$

式中：ρ、ρ_c、ρ_a 分别为聚合物、晶区和非晶区的密度；v、v_c、v_a 分别为聚合物、晶区和非晶区的比容；f_c^V 为用体积百分数表示的结晶度；f_c^W 为用质量分数表示的结晶度。

若已知聚合物试样完全结晶的密度和聚合物试样完全非结晶体的密度，只要测定聚合物试样的密度，即可求得其结晶度。本实验采用悬浮法测定聚合物试样的密度，即在很稳定的条件下，在加入聚合物试样的试管中，调节能完全互溶的两种混合液体的比例，待聚合物试样不沉也不浮，而是悬浮在混合液体中部时，根据阿基米德定律可知，此时混合液体的密度与聚合物试样的密度相等，用比重瓶测定该混合液体的密度，即可得聚合物试样的密度。

三、实验试剂与仪器

（一）实验试剂

无水乙醇、蒸馏水、聚乙烯。

（二）实验仪器

恒温水浴、测高仪、密度计、带磨口塞玻璃密度梯度管、配制密度梯度管的装置、注射器、电磁搅拌器。

四、实验步骤

在试管中加入无水乙醇 15 mL，然后加入 1～2 粒聚乙烯试样，用滴管滴加蒸馏水，同时搅拌，使液体混合均匀，直到样品不沉也不浮，悬浮在混合液体的中部，保持数分钟不变，此时混合液体的密度就等于聚合物试样的密度。

混合液体密度的测定。先准确称量干燥比重瓶的质量为 W_0，然后取下瓶塞，灌满混合液体，盖上瓶塞，多余液体从毛细管中溢出，用卷纸擦去溢出的液体，称得装满混合液体后比重瓶的质量为 W_1，之后倒出瓶中液体，用蒸馏水洗涤数次，擦干净瓶体，称取装满蒸馏水后比重瓶的质量为 $W_水$，若已知蒸馏水的密度（$\rho_水$），则混合液体的密度可按照式（3-32）求得：

$$\rho = \frac{W_1 - W_0}{W_水 - W_0} \rho_水 \tag{3-32}$$

取另一干燥的比重瓶，换另一种聚乙烯试样，重复上述步骤。

五、数据处理

① 计算两种聚乙烯试样的密度。

② 从相关手册查询聚乙烯完全结晶的密度和完全非结晶的密度，计算两种聚乙烯试样的结晶度。

六、注意事项

① 两种液体应充分搅拌均匀。

② 比重瓶的液体要加满，不能有气泡。

③ 先称空瓶的质量，再称装满混合液体的质量，最后称装满蒸馏水的质量。

七、分析与思考

① 密度法计算结晶度的原理是什么？

② 影响密度法测定结晶度精确度的因素是什么？

③ 测定聚合物结晶度的方法有哪些？为什么不同测定方法测得的聚合物结晶度不能相互比较？

实验六 聚合物熔融指数的测定

一、实验目的

① 了解熔融指数仪的构造及使用方法。

② 了解热塑性聚合物的流变性能在理论研究和生产实践上的意义。

二、实验原理

熔融指数（MI）是指热塑性塑料在一定温度、一定压力下，熔体在 10 min 内通过标准毛细管的重量，用 g/10 min 来表示，用来区别各种热塑性聚合物在熔融态时的流动性。同一种聚合物是用熔融指数来比较聚合物分子量大小，用来指导合成工作。一般来说，同一种类聚合物（结构一定），其熔融指数越小，分子量就越高。反之，熔融指数越大，分子量越小，加工时的流动性就越好。但是，从熔融指数仪中得到的流动性数据是在低切变速率下获得的，而实际成型加工过程往往是在较高切变速率下进行的。因此，在实际加工工艺过程中，还要研究熔体黏度与温度切应力的依赖关系。对某一热塑性聚合物来讲，只有当熔融指数与加工条件、产品性能从经验上联系起来之后，才具有较多的实际意义。此外，由于结构不同的聚合物测定熔融指数时选择的温度、压力均不相同，黏度与分子量之间的关系也不一样。因此，熔融指数只能表示同一结构聚合物在分子量或流动性能方面的区别，而不能在结构不同的聚合物之间进行比较。

由于熔融指数仪及其测试方法的简易性，国内生产的热塑性树脂常附有熔融指数的指标。熔融指数测定已在国内外广泛应用。

三、实验仪器

熔融指数仪（XRZ-400C 型）是一种简单的毛细管式的低切变速率下工作的仪器，熔融指数由主体和加热控制两个部分组成。

仪器主要部分如下：

① 砝码：砝码重量应包括压料杆在内，以便计算。

② 料筒：由不锈钢组成，长度为 160 mm，内径为（9.55±2.02）mm。

③ 压料杆（压料活塞）：由不锈钢制成，长度为（210±0.1）mm，直径 9 mm，杆上有相距 30 mm 的刻线，为割取试样的起止线。

④ 出料口：由钨钴合金制成，内径为（2.095±0.005）mm。

⑤ 炉体：用导热快、热容量大的金属材料黄铜制成，中间长孔用于放置料筒，筒体四周绕以电阻丝进行通电加热。筒体另开对称两长孔，一是放置电阻做感温元件，提供控温信号，二是长孔放置 EA-2 热电偶，与 XCZ-101 高温计连接，用来监视加热炉的温度。

⑥ 控温系统由控温定值电桥、调制解调放大器、可控硅及其触发电路组成。

⑦ 温度数值由 XCE-101 高温计指示，也可利用测温插口外接电位差计或用温度计插入进行直接测温。后两种方法较精确。

四、实验条件选择

（一）温度、负荷的选择

测试温度选择的依据，要考虑热塑性聚合物的流动温度。所选择的温度必须高于所测材料的流动温度，但不能过高，否则易使材料在受热过程中分解。负荷选择要考虑到熔体黏度的大小（即熔融指数的大小），对黏度大的试样应取较大的负重，对黏度小的试样应取较小的负重。根据美国材料与试验协会（ASTM）标准规定，对聚乙烯可用 190 ℃/2160 g 或 125 ℃/325 g，聚丙烯可用 230 ℃/2160 g。

（二）试样量选择

试样是可以放入圆筒中的热塑性粉料、粒料、条状、条状薄片或模压块料。取样量和熔融指数（MI）关系见表 3-1。

表 3-1 取样量和熔融指数关系表

熔融指数 /（g/10 min）	试样量 /g	毛细管孔径 /mm	切取试条的间隔时间 /min
0.1 ～ 1.0	2.5 ～ 3		6
1.0 ～ 3.5	3 ～ 5		3
3.5 ～ 10	5 ～ 8	2.095	1
10 ～ 20	4 ～ 8		0.5

五、实验步骤

（一）样品称取

样品使用前要恒温干燥除水，聚乙烯 4 g 选用 190 ℃ 荷重 2160 g，聚丙烯 4 g 选用 230 ℃ 荷重 2160 g，分别进行测定。

（二）调正和恒温

接通电源，旋转"控温定值"旋钮到所选取的温度值（每一数码相当于 50 ℃，每一小格相当于 0.5 ℃），并注意校正温度。也可将水银温度计放入"测温孔"观察温度，调整旋钮到所需的温度值。

（三）装出料口

将活底板向里推进，然后由炉口将出料口垂直放下，如有阻力可用清料杆轻轻推到底。

（四）装料

温度稳定到定值后通过漏斗向料筒中装入称好试样，用活塞杆将料压实，开始用秒表计时。

（五）取样

试样在料筒中经 5 ～ 6 min 的熔融预热，装上导向套，在活塞顶部装上选定的负荷砝码，试样从出料口挤出。自柱塞第一道刻线与炉口平行时开始取样，到第二道刻线与炉口平行时取样截止。切取五个切割段：样品为聚乙烯，每隔 2 min 切一段；样品为聚丙烯，每隔 3 min 切一段。含有气泡的切割段弃去。

（六）计算

取 5 个切割段，分别称其重量，并按式（3-33）计算熔融指数（MI）：

$$MI = \frac{W \times 600}{t} \qquad (3\text{-}33)$$

式中：W 为五个切割段平均重量，g；t 为取样间隔时间，s。

（七）清洗

测定完毕，挤出余料，拉出活底板。用清料杆由上推出出料口，将出料口各压料清洗干净。把清料杆安上手柄缠上棉纱清理料筒。

六、数据处理

列出数据，并分别计算出聚乙烯、聚丙烯的熔融指数。

七、注意事项

① 实验必须按标准条件进行，不同物料选定的温度和负荷不同。
② 取样量以样品加入料筒后样品略低于料筒口为佳。

八、分析与思考

讨论影响熔融指数的主要因素。

实验七　聚合物材料的冲击强度测定

一、实验目的

① 测定塑料的冲击强度，并了解其对制品使用的重要性。
② 了解冲击实验机原理，学会使用冲击实验机。

二、实验原理

冲击强度（impact strength）是聚合物材料的一个非常重要的力学指标，它是指某一标准样品在每秒数米乃至数万米的高速形变下，在极短的负载时间下表现出的破坏强度，或者说是材料对高速冲击断裂的抵抗能力，也称为材料的韧性（韧性表示材料在塑性变形和破裂过程中吸收能量的能力。韧性越好，则发生脆性断裂的可能性越小）。近年来，在聚合物材料力学改性方面的研究非常活跃，其中一个主要目的是增加材料的冲击强度，即材料的增韧。因此，冲击强度的测量无论在研究工作还是在工业应用中都是不可或缺的。

一般冲击强度可用下列几种方法进行测定：摆锤式冲击弯曲实验（包括简支梁型和悬臂梁型）、落球式冲击实验、高速拉伸冲击实验。

（一）摆锤式冲击弯曲实验

简支梁型冲击实验是摆锤打击简支梁试样的中央；悬臂梁法则是用摆锤打击有缺口的悬臂梁试样的自由端。摆锤式冲击实验试样破坏所需的能量实际上无法测定，实验所测得的除产生裂缝所需的能量及使裂缝扩展到整个试样所需的能量外，还要加上使材料发生永久变形的能量和把断裂的试样碎片抛出去的能量。把断裂试样碎片抛出的能量与材料的韧性完全无关，但它是所测总能量中的一部分。实验证明，对同一跨度的实验，试样越厚，消耗在碎片抛出的能量越大。所以，不同尺寸试样的实验结果不好相互比较。但由于摆锤式实验方法简单方便，所以在材料质量控制、筛选等方面使用较多。

（二）落球式冲击实验

落球式冲击实验是把球、标准的重锤或投掷枪由已知高度落在试棒或试片上，测定使试棒或试片刚刚够破裂所需能量的一种方法。这种方法与摆锤式实验相比表现出与实地实验有很好的相关性。但缺点是如果想把某种材料与其他材料进行比较，或者需改变重球质量，或者改变落下高度，十分不方便。

（三）高速拉伸冲击实验

评价材料的冲击强度最好的实验方法是高速拉伸冲击实验。应力 — 应变曲线下方的面积与使材料破坏所需的能量成正比。如果实验是以相当高的速度进行，那么这个面积就变成与冲击强度相等。

我国经常使用的是简支梁式摆锤冲击实验方法，它所测得冲击实验强度数据是指试样破裂时单位面积上所消耗的能量。基本原理是把摆锤从垂直位置挂于机架的扬臂上以后，此时扬角为 α，摆锤便获得了一定的势能，如任其自由落下，则此位能转化为动能，将试样冲断，冲断以后，摆锤以剩余能量升到某一高度，升角为 β。图 3-7 为简支梁式摆锤冲击实验示意图。

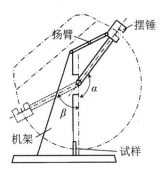

图 3-7　简支梁式摆锤冲击实验示意图

在整个冲击实验中，从刻度盘上读出冲断试样所消耗的功 A，消耗的功除以试样的横截面积，即为材料的冲击强度 σ_1（kJ/m²）。

按式（3-34）计算：

$$\sigma_1 = \frac{A}{bd} \tag{3-34}$$

式中：A 为冲断试样所消耗的功，kJ；b 为试样宽度，m；d 为试样厚度，m。

缺口试样冲击强度 σ_1（kJ/m²）可按式（3-35）计算：

$$\sigma_1 = \frac{A}{bd_1} \tag{3-35}$$

式中：A、b 同前；d_1 为缺口试样剩余宽度，m。

摆锤的初始功 $A_0 = wL(1-\cos\alpha)$。

若考虑冲断试样时克服空气阻力和试样断裂而飞出时所消耗的功，根据能量守恒定律，可表示为：

$$A_0 = wL(1+\cos\beta) + A + A_\alpha + A_\beta + \frac{1}{2}mV^2 \tag{3-36}$$

式中：A_α、A_β 分别为摆锤在 α、β 角度内克服空气阻力所消耗的功；$\frac{1}{2}mV^2$ 为飞出功。当后三项忽略不计时，试样断裂时所消耗的功可表示为：

$$A = wL(\cos\beta - \cos\alpha) \tag{3-37}$$

对于固定的仪器，W、L、α 均为固定值，只要求得 β，即可；同时可根据 β 大小，即可绘制出读数盘，由读数盘可以直接读出冲断试样时消耗的功的数值。

三、实验试剂与仪器

（一）实验试剂

试样尺寸：（120±1）mm×（15±0.2）mm×（10±0.2）mm。

脆性材料：PS 或酚醛。

非脆性材料：PE。

试样要求：表面平整，无气泡、裂纹、分层、伤痕等缺陷。

缺口试条：缺口深度为试样厚度的 1/3，缺口宽度为（2±0.2）mm。

每组试样不少于 5 个。

（二）实验仪器

简支梁式摆锤冲击实验机、卡尺。

（三）实验机样条跨度调节

长 120 mm 的试样，其跨度要求为 70 mm。

四、实验步骤

① 熟悉设备，检查机座是否水平。

② 用卡尺测量试样中间部位的宽度、厚度，缺口试样则测量缺口处的剩余厚度，准确至 0.02 mm，测量 3 个点，取平均值。

③ 根据试样类型调整好试样支撑线距离。

④ 根据试样断裂所需能量大小选择摆锤，使试样破裂所需要的能量在摆锤总能量的 10% ～ 85%。

⑤ 检查并调节试验机零点，将摆锤举起卡好，使其自由落下，观察指针是否从最大刻度旋至零点，如不在零点，则将勾环转一相应的角度，直至调好为止，然后将摆锤举起卡好。

⑥ 将试样面贴紧在直角支座的垂直面上，缺口背向冲锤，缺口位置与冲锤对准。

⑦ 将指针拨至右边的满量程位置。

⑧ 扳动手柄抓钩，放松摆锤，使其自由下落，将试样冲断时，指针所指数值即为 A 值，记录读数。

⑨ 按公式计算每个试样的冲击强度，并取其算术平均值。

五、数据处理

做好原始记录并计算结果。

六、注意事项

① 摆锤举起后，人体各部分都不要伸到重锤下面及摆锤起始处。冲击实验时注意避免样条碎块伤人。

② 扳动手柄时，用力适当，切忌过猛。

③ 当摆动轴承长期未清洗摆动不灵活时，会造成能量损失超差，应用 120# 以上的汽油清洗摆轴的轴承，清洗后注入适量 5# 或 7# 高速机油或钟表油即可。

④ 当冲击试样长期磨损引起刀刃钳口变形时，应更换其磨损件。

⑤ 在试验中经常出现死打现象，摆杆容易出现弯曲变形，影响测试精度，故

应针对测定材料的冲击韧性的大小选用相应能量等级的摆锤，尽量避免死打现象。

七、分析与思考

测定冲击强度的影响因素有哪些？

实验八　聚合物弯曲强度的测定

一、实验目的

① 了解聚合物材料弯曲强度的意义和测试方法。
② 掌握用电子拉力机测试聚合物材料弯曲性能的方法。

二、实验原理

弯曲是试样在弯曲应力作用下的形变行为。弯曲负载所产生的应力是压缩应力和拉伸应力的组合，其作用情况如图 3-8 所示。表征弯曲形变行为的指标有弯曲应力、弯曲强度、弯曲模量及挠度等。

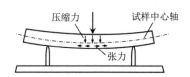

图 3-8　支梁受到力的作用而弯曲的情况

弯曲强度 σ_f 是试样在弯曲负荷下破裂或达到规定挠度时能承载的最大应力，弯曲应变 ε_f 是试样跨度中心外表面上单元长度的微量变化，用无量纲的比值或百分数表示。挠度和应变的关系为：

$$s=\varepsilon_f L^2/sh \qquad （3-38）$$

式中：L 为试样跨度；h 为试样厚度。

弯曲性能测试有以下主要影响因素。

① 试样尺寸和加工。试样的厚度和宽度都与弯曲强度和挠度有关。

② 加载压头半径和支座表面半径。如果加载压头半径很小，对试样容易引起较大的剪切力而影响弯曲强度。支座表面半径会影响试样跨度的准确性。

③ 应变速率。弯曲强度与应变速率有关，应变速率较低时，其弯曲强度也偏低。

④ 试验跨度。当跨厚比增大时，各种材料均显示剪切力的降低，可利用增大跨厚比可减少剪切应力，使三点弯曲试验更接近纯弯曲。

⑤ 温度。就同一种材料来说，屈服强度受温度的影响比脆性强度的大。现行塑料弯曲性能实验的国家标准为 GB/T 9341—2008。

三、实验试剂与仪器

（一）实验试剂

聚丙烯（PP）。

（二）实验仪器

采用 RGT-10 型微电子拉力机。最大测量负荷 10 kN，速度 0.011 ～ 500 mm/min，试验类型有拉伸、压缩、弯曲等。

四、实验步骤

（一）试样制备

弯曲实验所用试样是矩形截面的棒，可从板材、片材上切割，或由模塑加工制备。一般是把试样模压成所需尺寸。常用试样尺寸为：长度 80 mm、宽度 10 mm、厚度 4 mm。每组试样应不少于 5 个。实验前，需对试样的外观进行检查，试样应表面平整，无气泡、裂纹、分层和机械损伤等缺陷。另外，在测试前应将试样在测试环境中放置一定时间，使试样与测试环境达到平衡。取合格的试样进行编号，在试样中间的 1/3 跨度内任意取 3 点测量试样的宽度和厚度，取算术平均值。试样尺寸≤ 10 mm 的，精确到 0.02 mm；试样尺寸＞ 10 mm 的，精确到 0.05 mm。

（二）测试步骤

① 接通试验机电源，预热 15 min。

② 打开计算机，进入应用程序。

③ 选择试验方式（压缩方式），将相应的参数按对话框要求输入，注意压缩速度应使试样应变速率接近 1%/min。本实验试样为 PP 样条，采用 10 mm/min 的速度。

④ 将样品放置在样品支座上，按下降键将压头调整至刚好与试样接触。

⑤ 在计算机的基本程序界面上将载荷和位移同时清零后，按开始按钮。此时计算机自动画出载荷 — 变形曲线。

⑥ 试样断裂时，拉伸自动停止。记录试样断裂时标线间的有效距离。

⑦ 重复③～⑥操作。测量下一个试样。

⑧ 测量实验结束，由"文件"菜单下点击"输出报告"，在出现的对话框中选择"输出到 EXCEL"，然后保存该报告。

五、数据处理

（一）弯曲强度 σ_f 的计算

计算公式为：

$$\sigma_f = 3PL/(2bh) \tag{3-39}$$

式中：P 为最大载荷（由打印报告读出），N；L 为跨距，mm；b 为试样宽度，mm；h 为试样厚度，mm。

（二）计算弯曲强度算术平均值、标准偏差和离散系数

算术平均值：

$$X = \sum \frac{X_i}{n} \tag{3-40}$$

式中：X_i 为每个试样的测试值；n 为试样数。

标准偏差：

$$S = \sqrt{\sum \frac{(X_i - X)^2}{n-1}} \tag{3-41}$$

离散系数：

$$C_v = \frac{S}{X} \tag{3-42}$$

把测定所得各值按上式算出平均值，并和计算机计算的结果进行比较。

六、注意事项

安装压头和支座时，必须注意保持压头和支座的圆柱面轴线相平行。

七、分析与思考

① 试样的尺寸对测试结果有何影响？

② 在弯曲实验中，如何测定和计算弯曲模量？

实验九　聚合物应力 — 应变曲线的测定

一、实验目的

① 熟悉拉力机（包括电子拉力机）的使用。
② 测定不同拉伸速度下 PE 板的应力 — 应变曲线。
③ 掌握图解法求算聚合物材料抗张强度、断裂伸长率和弹性模量。

二、实验原理

聚合物材料在拉力作用下的应力 — 应变测试是一种广泛使用的最基础的力学实验。聚合物的应力 — 应变曲线提供力学行为的许多重要线索及表征参数〔弹性（杨氏）模量、屈服应力、屈服伸长率、破坏应力、极限伸长率、断裂能等〕以评价材料抵抗载荷，抵抗变形和吸收能量的性质优劣；从试验温度和试验速度范围内测得的应力 — 应变曲线有助于判断聚合物材料的强弱、软硬、韧脆和粗略估算聚合物所处的状况与拉伸取向、结晶过程，并为设计和应用部门选用最佳材料提供科学依据。

拉伸实验是最常用的一种力学实验，由实验测定的应力 — 应变曲线，可以得出评价材料性能的屈服强度、断裂强度和断裂伸长率等表征参数。此外，不同的聚合物、不同的测定条件，测得的应力 — 应变曲线是不同的。

应力 — 应变试验通常采用万能试验机进行，通常是将试样等速拉伸，并同时测定试样所受的应力和形变值，直至试样断裂。

应力 σ_t 是试样单位面积上所受到的力，可按式（3-43）计算：

$$\sigma_t = \frac{P}{bd} \tag{3-43}$$

式中：P 为最大载荷、断裂负荷、屈服负荷；b 为试样宽度，m；d 为试样厚度，m。

应变是试样受力后发生的相对变形，可按式（3-44）计算：

$$\varepsilon_t = \frac{I - I_0}{I_0} \times 100\% \tag{3-44}$$

式中：I_0 为试样原始标线距离，m；I 为试样断裂时标线距离，m。

应力 — 应变曲线是从曲线的初始直线部分，按式（3-45）计算弹性模量 E

（MPa，N/m^2）：

$$E = \frac{\sigma}{\varepsilon} \tag{3-45}$$

式中：σ 为应力；ε 为应变。

（一）等速拉伸无定形聚合物典型应力 — 应变曲线

在等速拉伸时，无定形聚合物的典型应力 — 应变曲线如图 3-9 所示。

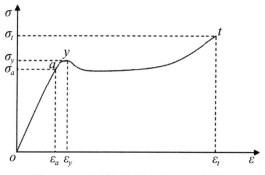

图 3-9　无定形聚合物应力 — 应变曲线

图 3-9 中，a 点为弹性极限，σ_a 为弹性（比例）极限强度，ε_a 为弹性极限伸长率。由 O 到 a 点为一直线，应力 — 应变关系遵循胡克定律 $\sigma = E\varepsilon$，直线斜率 E 称为弹性模量（杨氏模量）。y 点为屈服点，对应的 σ_y 和 ε_y 称为屈服强度和屈服伸长率。材料屈服后可在 t 点处断裂，σ_t、ε_t 分别为材料的断裂强度、断裂伸长率（材料的断裂强度可大于或小于屈服强度，视不同材料而定）。从 σ_t 的大小，可以判断材料的强与弱，而从 ε_t 的大小（曲线面积的大小）可以判断材料的脆与韧。

（二）晶态聚合物材料的应力 — 应变曲线

晶态聚合物材料的应力 — 应变曲线如图 3-10 所示。

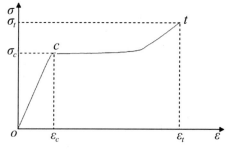

图 3-10　晶态聚合物材料的应力 — 应变曲线

在 c 点以后出现微晶的取向和熔解，然后沿力场方向重排或重结晶，故 σ_c 称重结晶强度。从宏观上看，在 c 点材料出现细颈，随拉伸的进行，细颈不断发展，到细颈发展完全后，应力才继续增大到 t 点断裂。

由于聚合物材料的力学试验受环境湿度和拉伸速度的影响，所以必须在广泛的温度和速度范围内进行。工程上，一般是在规定的湿度、速度下进行，以便比较。

（三）材料分类

根据材料力学性能及其应力 — 应变曲线特征，可将材料大致分为以下六类。

第一类材料硬而脆：在较大应力作用下，材料仅发生较小的应变，在屈服点之前发生断裂，有高模量和抗拉强度，但受力呈脆性断裂，冲击强度较差。

第二类材料硬而强：在较大应力作用下，材料发生较小的应变，在屈服点附近断裂，具高模量和抗拉强度。

第三类材料强而韧：具高模量和抗拉强度，断裂伸长率较大，材料受力时，属韧性断裂。

第四类材料软而韧：模量低，屈服强度低，断裂伸长率大，断裂强度较高，可用于要求形变较大的材料。

第五类材料软而弱：模量低，屈服强度低，中等断裂伸长率。如未硫化的天然橡胶。

第六类材料弱而脆：一般为低聚物，不能直接用作材料。

注意材料的强与弱从 σ_y 比较；硬与软从 E（σ/ε）比较；脆与韧则主要从断裂伸长率比较。口诀：一强一弱，二硬二软。

（四）影响聚合物机械强度的因素

一是大分子链的主价链、分子间力以及高分子链的柔性等，是决定聚合物机械强度的主要内在因素。

二是混料及塑化不均，会产生细纹、凹陷、真空泡等留在制品表面或内层。

三是环境温度、湿度及拉伸速度等对机械强度有着非常重要的影响。

三、实验试剂与仪器

（一）实验试剂

聚丙烯、聚氯乙烯、聚四氟乙烯、聚苯乙烯、ABS 树脂、聚苯乙烯。

（二）实验仪器

电子万能试验机、游标卡尺。

四、实验步骤

①开机：先打开计算机上的软件测控系统，再打开实验机电源。依据欲进行的实验选择相应的实验类型。

②试运行：选择适当的速度使试验机升降运行一下，确定各系统运行正常。

③新建记录：依据要进行的实验的次数，新建相应的实验记录条数，并填入相应的批号、编号、实验环境、试样尺寸等相关数据。

④装放试样：调整试验机上装放试样的位置，装放好试样。

⑤选择量程：依据实验所需要的试验力和变形的范围，将试验机调到合适的实验力和变形的挡位（量程）。

⑥清零：将实验力、变形、位移清零。

⑦实验速度：依据标准上实验过程的要求，设定合适的实验速度；标准上没有速度要求的，设置较合适的速度，速度不要太大，以免影响实验结果。

⑧选择结束条件：依据标准上实验过程的要求，假如要将试样破坏掉的（如拉伸、水泥压缩），选择"破型判定"；假如拉（或压）到某个实验力就结束的，选择"目标""实验力"；假如拉（或压）到某个变形就结束的，选择"目标""变形"。

⑨实验开始：点"实验开始"按钮开始实验。

⑩实验结束：实验完成后"实验结束"按钮自动按下。点"分析"按钮查看相应的实验结果。

⑪保存数据：假如实验数据需要保存，按"保存"按钮将实验数据保存到数据库，以备查阅。打印报表：假如实验结果需要打印，按"输出报表"按钮将实验结果输出到 Word 文档并打印。

⑫试验机关机：先关闭实验机电源，再关闭软件测控系统和计算机。

五、数据处理

①准确记录每一个样品的宽度和厚度，计算样品的面积；记录试样的标距。

②根据谱图，分析记录每一个试样的最大负荷、拉伸强度、最大伸长率、屈服力、屈服强度、断裂伸长率、弹性模量等数据，并列表说明。

③根据计算结果分析所测定的样品的材料属性。

六、注意事项

选择的试样表面应光滑、平整，无气泡、杂质、机械损伤。

七、思考与分析

结合所学知识和实验内容，分析影响聚合物应力 — 应变结果的影响因素。

实验十　转矩流变仪测量塑料熔体的流变性能

一、实验目的

① 了解转矩流变仪的基本结构及其适应范围。
② 熟悉转矩流变仪的工作原理及其使用方法。

二、实验原理

转矩流变仪是用来研究聚合物流动与变形，并将结果用扭矩 — 时间和扭矩 — 温度等图表形式表示的仪器设备；主要用在实验室里模拟生产中混炼、挤出过程，获得一系列数据来指导现实中对配方的研究和生产。

转矩流变仪是研究材料的流动、塑化、热剪切稳定性的理想设备，可广泛地应用于科研和生产，是进行科学研究及指导生产的重要仪器。提供了更接近于实际加工的动态测量方法，可以在类似实际加工的情况下，连续、准确、可靠地对材料的流变性能进行测定，如多组分的混合、热塑性树脂的交联、弹性体的硫化、材料的动态稳定性以及螺杆转速对体系加工性能的影响等。

转矩流变仪用来研究聚合物热缩性、热稳定性、剪切稳定性、动态流变性能和塑化行为。多组分物料的混合，热固性塑料的交联固化、弹性体的硫化、材料的动态稳定性以及螺杆转速对体系加工性能的影响等，主要用于测定和分析高分子材料的加工性能和流变行为，其中包括热塑性树脂、橡胶和热固性材料等，同时制备各种预混试样用于其他物理和化学性能测试。

可以用来研究热塑性材料的热稳定性、剪切稳定性、流动和固化行为，其特点是能在类似实际加工过程的条件下，连续、准确、可靠地对体系的流变性能进行测定。可以完成的典型实验有交联聚乙烯（XLPE）材料的交联特性测定、聚氯乙烯材料融合特性以及热稳定性的测定、材料表观黏度与剪切速率关系的测定等等。

　　物料被加到混炼室中，受到两个转子所施加的作用力，使物料在转子与室壁间进行混炼剪切，物料对转子凸棱施加反作用力，这个力由测力传感器测量，再经过机械分级的杠杆力臂转换成转矩值，转矩值的大小反映了物料黏度的大小。通过热电偶对转子温度的控制，可以得到不同温度下物料的黏度。

　　转矩数据与材料的黏度直接相关，但它不是绝对数据。绝对黏度只有在稳定的剪切速率下才能测得，在加工状态下材料是非牛顿流体，流动是非常复杂的湍流，既有径向的流动也有轴向的流动，因此不可能将扭矩数据与绝对黏度对应起来。但这种相对数据能提供聚合物材料的有关加工性能的重要信息，这种信息是绝对法的流变仪得不到的。因此，实际上相对和绝对法的流变仪是互相协同的。从转矩流变仪可以得到在设定温度和转速（平均剪切速率）下扭矩随时间变化的曲线，这种曲线常称为"扭矩谱"，除此之外，还可得到温度曲线、压力曲线等信息（图3-11）。在不同温度和不同转速下进行测定，可以了解加工性能与温度、剪切速度的关系。转矩流变仪在共混物性能研究方面的应用最为广泛。转矩流变仪可以用来研究热塑性材料的热稳定性、剪切稳定性、流动和固化行为。

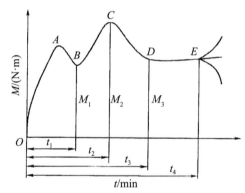

图 3-11　一般物料的转矩流变曲线

各段意义分别如下。

OA：在给定温度和转速下，物料开始粘连，转矩上升到 *A* 点。

AB：受转矩旋转作用，物料很快被压实（赶气），转矩下降到 *B* 点（有的样品没有 *AB* 段）。*A* 为物料加入峰。

BC：物料在热和剪切力的作用下开始塑化（软化或熔融），物料即由粘连转向塑化，转矩上升 *C* 点。*C* 为塑化峰。

CD：物料在混合器中塑化，逐渐均匀。达到平衡，转矩下降到 *D*。

DE：维持恒定转矩，物料平衡阶段（至少 90 s）。

E 以后：继续延长塑化时间，导致物料发生分解、交联、固化，使转矩上升或

下降。

三、实验试剂与仪器

（一）实验试剂

低密度聚乙烯。

（二）实验仪器

实验主要采用 ZJL-200 微机控制转矩流变仪（长春市智能仪器设备有限公司）测量塑料熔体的塑化曲线。

1. 转矩流变仪的组成

① 密炼机。内部配备压力传感器、热电偶，测量测试过程中的压力和温度的变化。

② 驱动及转矩传感器。转矩传感器是关键设备，用于测定测试过程中转矩随时间的变化。转矩的大小反映了材料在加工过程中许多性能的变化。

③ 计算机控制装置。用计算机设定测试的条件，如温度、转速时间等，并记录各种参数（如温度、转矩和压力等）随时间的变化。

2. 性能指标

密炼机转速最大值为 200 r/min；转矩最大值为 100 N·m；熔体温度测量范围为室温至 300 ℃，温度控制精度为 ±1 ℃；密炼机容量为 60 mL。

3. 扭矩流变仪转子

转子有不同的形状，以适应不同的材料加工需要。本实验密炼机配备的转子为 Roller 型转子。在密炼室内，不同部位的剪切速率是不同的，两个转子有一定的速比，一般为 3∶2（左转子∶右转子），两转子相向而行，左转子为顺时针，右转子为逆时针。

四、实验步骤

（一）称量

称取低密度聚乙烯（LDPE）树脂 40 g 备用；为便于比较试样的测试结果，每次应称取相同质量的试样。对于加料量，样品的加入要适当，混炼室内不能被

100% 填充，一般为 65% ～ 90%。对于颗粒物料填充量控制在 70%，粉状物料填充率 75% ～ 80%。

（二）测试操作

① 启动转矩流变仪的微机及动力系统，打开桌面软件，按照输入程序，把标题、加热温度（本组实验温度）、实验方法（热融合实验）、转子转速（20 r/min）、测试时间（5 min）、运行控制、参数显示等实验条件输入微机处理。每一组同时测定在相同温度下：转速为 20 r/min、40 r/min、60 r/min、80 r/min 的扭矩 — 时间曲线。在相同转速下（20 r/min）测定温度分别为 140 ℃、150 ℃、160 ℃、180 ℃、200 ℃ 的扭矩 — 温度曲线。

② 点击"加热状态"，显示每段的设定温度，点击"实验准备"，显示每段的实际温度。当"料温"达到设定值时，表示混合器加热已达到规定的温度。使温度稳定 2 ～ 5 min 后。依次点击"点击启动""扭矩清零"，最后点击"试验运行"，采集数据，然后加入被测试试样，开始实验。当达到指令编定的时间时，实验自动停止。

③ 点击"保存"保存原始数据，点击"打开"打开保存的原始数据，点击"数据处理"，选择曲线、处理，最后点击"另存为 Excel"，储存全部的实验数据。

④ 拆卸、清理干净混合器，为再次实验做好准备。

五、数据处理

① 利用 Origin 软件绘制出低密度聚乙烯在本小组（5 人）的测试温度下的转矩和时间曲线，并在图上标出测试温度。

② 利用 Origin 软件绘制出本小组转矩平衡值与转速的关系柱状图，X 轴为转速，Y 轴为转矩，并在图上标出测试温度。

③ 根据实验结果分析试转速对低密度聚乙烯剪切黏度的影响。

④ 利用 Origin 软件绘制出本组（5 人）在不同温度下扭矩与时间的关系图，X 轴为时间，Y 轴为扭矩（图上标出测试温度），5 条曲线放到一个图，并分别标注出每条曲线的测试温度。

⑤ 根据实验结果分析测试温度对低密度聚乙烯剪切黏度的影响。

六、注意事项

① 拆卸加热板清理物料之前一定要戴隔热手套。

② 使用清洗物料的铜铲时，铜铲不能碰触到转子。

七、分析与思考

① 转矩流变仪的测试原理是什么？
② 转矩流变仪在聚合物成型加工中有哪些方面的应用？

实验十一　毛细管流变仪测定 LDPE 熔体的流变性能

一、实验目的

① 了解毛细管流变仪的结构功能。
② 能够熟练使用和操作毛细管流变仪。

二、实验原理

流体的流动速度相对圆流道半径的变化速度为剪切速度，也可以称为剪切速率，主要和流体的温度、黏度以及流体的类型有一定的关系。作用于物体单位面积切线方向上的力，称为剪切应力，其符号为 τ。作为流变模型，可将液体看作多层极薄液层堆积而成的长方体，充满于两块平行板之间，其底板固定不动，而其他各层是能移动的。

$$D = \frac{\mathrm{d}v}{\mathrm{d}x} = \frac{v}{x} \tag{3-46}$$

式中：D 为剪切速率，x 为不同平面但平行流体的间隔距离，v 为流体流速。

剪切应力与剪切速率之比，称为绝对黏度，符号为 η，是流体流动阻力的量度。$\eta=$ 剪切应力/剪切速率。黏度在流变学上有重要地位，它往往随着温度、剪切应力、剪切速率、剪切历程等的变化而变化，流变学上用曲线表示其关系。一个液体的剪切应力和剪切速率之间的关系，决定了其流动行为。以剪切应力为纵坐标、剪切速率为横坐标的曲线图，称为流动特性曲线图。以绝对黏度为纵坐标，剪切速率为横坐标的曲线图，称为黏度特性曲线图。

液体的流动（黏度）特性曲线，可分为牛顿型和非牛顿型两大类。一种液体，在一定温度下具有一定的黏度，在剪切速率变化时，黏度保持恒定，称为牛顿型液体。许多涂料原料，如水、溶剂、矿物油和低分子量树脂溶液都是这种液体，然而涂料成品却大都是非牛顿型的。

当一个液体的黏度随着剪切速度的变化而变化时，就称为非牛顿型液体。其中，黏度随着剪切速率的增加而降低的液体，称为假塑性液体。反之，黏度随着剪切速率的增加而上升的液体，称为膨胀型液体。

具有非牛顿行为的聚合物熔体，其黏度随剪切速率的增加而下降。高剪切速率下的熔体黏度比低剪切速率下的黏度小几个数量级。不同聚合物熔体在流动过程中，随剪切速率的增加，在低剪切速率下其黏度下降的程度是不相同的，低密度聚乙烯和聚苯乙烯的黏度大于聚砜和聚碳酸酯；但在高剪切速率下，低密度聚乙烯和聚苯乙烯的黏度小于聚砜和聚碳酸酯。聚砜和聚碳酸酯在不同剪切速率下黏度变化不明显，随着剪切速率增大，黏度仅有很小的降低。

从熔体黏度对剪切速率的依赖性来说，不同塑料的敏感性存在明显区别。敏感性较明显的有 LDPE、PP、PS、HIPS、ABS、PMMA 和聚甲醛（POM）；而高密度聚乙烯（HDPE）、PSF、聚酰胺 1010（PA1010）和聚对苯二甲酸丁二醇酯（PBT）的敏感性一般；PA6、PA66 和 PC 为最不敏感。对于剪切速率敏感性大的塑料，可采用提高剪切速率的方法使其黏度降低，有利于注射成型的充模过程。

热塑性高分子一般属于假塑性液体，随着剪切速率的增加，黏度变小。这是因为高分子流动是通过链段的相继跃迁完成的。在流动曲线图上可以发现，在低剪切速率下，黏度不随剪切速率而变化，随着剪切速率提高，表观黏度减小，继续提高，进入第二牛顿区，黏度恒定，具体来说就是缠结点理论。本实验的目的是采用毛细管流变仪测定低密度聚乙烯的剪切应力 — 剪切速率曲线，表观黏度 — 剪切速率曲线。

三、实验试剂与仪器

（一）实验试剂

低密度聚乙烯（LDPE）。

（二）实验仪器

MLW-400 型毛细管流变仪。

四、实验步骤

① 在毛细管流变仪右侧，开启毛细管流变仪总电源、驱动主机和控制系统，红色指示灯亮起，温度面板显示温度。

②开启毛细管流变仪在计算机上的软件"毛细管性能测试"，打开操作界面，点击"登录"，进入操作界面。

③进入毛细管测试界面，点击"参数设置"，进行试件参数的设置，这时进入下面右图界面，可以设置试样单位、材料名称和时间。试样参数不用调整，然后点击"数据保存"。

④在毛细管测试界面，点击"试验检测"，进行试验参数的设置。

⑤进入毛细管测试程序界面，进行试验参数的设置。选择"阶梯剪切速率黏度测试"模式。

⑥升温的过程中，安装口模和压杆；口模选择毛细管规格为 $\varphi=1\ mm×40\ mm$。安装完毕后，加入样料。

⑦工作模式（恒速度、恒位移）选择恒速度，速度设置为 20 mm/min。剪切速率为 20 mm/min，压力为 5000 N，实验时间为 1000 s，温度设置为 180 ℃。

⑧等温度到达设定温度以后。进行加载电动机设置。工作模式（恒速度、恒位移）选择恒速度，速度设置为 100 mm/min，或者再大一些，点击"启动""下行加载"，把物料压入腔内，然后点击"上行加载"，再加入物料，正好填满料腔。可以压出部分物料，再进行实验。

⑨再次点击"启动""下行加载""加载压力清零""实验运行"，进行实验。

⑩点击"黏度—时间"数据图可以看到，在恒压下，物料黏度随时间而变化。

⑪实验结束后，再次进入毛细管测试界面，选择"系统查看"，进行本次实验的数据保存工作。

⑫进入系统查看界面，点击"查询档案"，进入实验数据文件夹，找到实验原文件，打开，点击"生成报告""生成 EXCEL"。保存数据。

⑬实验结束后，将数据储存在计算机控制处理系统中进行处理。清理料腔、毛细管口，关闭仪器。

注意：在测定阶梯剪切速率时，系统弹出"超出边界暂停实验"，说明设置的速率太大，需要删除最大速率。

五、数据处理

①用 Origin 绘制出低密度聚乙烯剪切应力 — 剪切速率关系曲线。
②用 Origin 绘制出低密度聚乙烯表观黏度 — 剪切速率关系曲线。

六、注意事项

① 压杆在下降时，开始速度可以快一些，当快到达设定压力时，下降速度要缓慢。

② 实验完毕后，应将加热腔内的物料全部挤出。

七、思考与分析

① 相同测试条件下，毛细管直径对材料表观剪切黏度有何影响？

② 简述剪切速率分别对牛顿流体和非牛顿流体黏度的影响。

实验十二　转矩流变仪研究热塑性树脂的交联与固化

一、实验目的

① 熟悉热塑性聚烯烃交联固化的方法和基本原理。

② 掌握热塑性聚乙烯过氧化物交联的方法和原理。

③ 熟悉利用转矩流变仪测定热塑性材料交联的条件。

二、实验原理

因聚乙烯（PE）耐低温、化学稳定性、电绝缘性以及加工性能优良，其消费量一直占据合成树脂的首位，成为工业、农业、建筑业、国防以及人们日常生活中不可或缺的材料。PE 树脂是通用合成树脂中产量最大的品种，主要包括低密度聚乙烯（LDPE）、线性低密度聚乙烯（LLDPE）、高密度聚乙烯（HDPE）以及一些具有特殊性能的产品，其特点是价格便宜、性能较好，在塑料工业中占有举足轻重的地位。

由于 PE 具有熔点低、机械强度低、耐环境应力性能较差等缺点，其应用范围受到限制。将 PE 交联处理是改进其不足之处的理想方法。PE 的分子由线性的分子链组成，当温度提高时，线性分子链之间的结合力（范德瓦尔斯力）就减弱，使整个分子材料发生形变，因而 PE 的耐温性能差。而交联 PE 在分子间架起了化学链桥，使分子不能发生位移，克服了其不足之处。

交联改性是指在聚合物大分子链间形成化学共价键以取代原来的范德瓦尔斯力。PE 通过交联形成三维网状结构，物化性能发生了明显变化。经过交联改性的 PE，其性能得到大幅度的改善，不仅显著提高了 PE 的力学性能、耐环境应力、开裂性能、耐化学药品腐蚀性能、抗蠕变性和电性能等综合性能，而且非常明显地提高了耐温等级，可使 PE 的耐热温度从 70 ℃ 提高到 100 ℃ 以上，从而大大拓宽了 PE 的应用领域，是一种较为经济、有效的改性方法。

目前对 PE 交联主要有四种交联方法：辐射交联法、硅烷交联法、紫外光交联法和过氧化物交联法。

（一）辐射交联法

PE 的辐射交联是在常温下，由电磁波（γ 射线）或加速电子（β 射线）引发，使碳链产生活性自由基，使之形成分子链间的碳 — 碳键合，从而形成交联的网状结构。PE 辐射交联反应为自由基链式反应。反应过程可分为三步：

① PE 高分子链在辐照作用下生成初级自由基和活泼氢原子。

② 活泼氢原子可继续攻击 PE，再生成自由基。

③ 大分子链自由基之间反应形成交联键。

（二）硅烷交联法

硅烷交联 PE 是道康宁（Dowconing）公司于 1972 年在欧洲技术开发实验室开发的。在有机过氧化物的引发作用下，含有不饱和乙烯基和易于水解的烷氧基多官能团的硅烷接枝到 PE 主链上，然后将此接枝物在水及硅醇缩合催化剂作用下发生水解并缩合形成 —Si—O—Si— 交联键，即得硅烷交联 PE，如图 3-12 所示。这种方法避免了过氧化物的高温交联，只需要在普通的挤出机上进行成型加工，而后在温水中进行水煮交联，因此结晶度、密度基本不变。

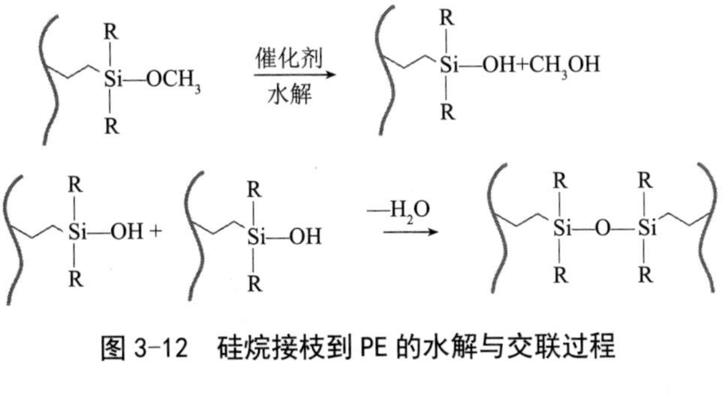

图 3-12　硅烷接枝到 PE 的水解与交联过程

（三）紫外光交联法

在光敏剂的存在下，近紫外光也能使 PE 发生交联。光交联在技术原理上类似于高能电子束辐射法，但它采用低能的紫外光作为辐射源，通过光引发剂吸收紫外光能量后转变为激发态，然后在 PE 链上夺氢产生自由基而引发 PE 交联。

PE 的紫外光交联虽然始于 20 世纪 50 年代，但在 80 年代之前一直未能在工业应用上取得突破性进展，其原因有两个：一是紫外光穿透能力差，难以使 PE 本体厚样品发生均匀交联，其研究水平仅限于涂层和表面改性，厚度在 0.3 mm 左右；二是 PE 光引发交联速度慢，通常需要数分钟以上的紫外光照射才能达到一定的交联度，不能适用于工业化生产的要求。

为了改善紫外光交联的交联密度，可以从以下 3 个方面着手：

① 选用高功率高压汞灯代替低压汞灯，不仅提高了光强，而且使其发射波长范围适合于所用的光引发剂的吸收。

② 采用熔融态进行交联，一方面使紫外光容易穿透 PE 厚样品，另一方面由于温度的提高增加了待交联的大分子自由基的运动活性，从而加快了反应速度，提高了交联的均匀性。

③ 采用多官能团交联剂与光引发剂配合的高效引发体系，使交联过程在最初引发阶段的短时间内完成，不仅提高了交联引发速度，而且将交联的深度由 0.3 mm 提高到 3 mm 以上。在光引发剂和交联剂存在的条件下，光照 10 s 左右即可使 2 mm 厚 PE 的凝胶含量达 70% 以上，满足了工业化生产的要求。

（四）过氧化物交联法

过氧化物交联法又名化学交联法，具有适应性强、交联制品性能好等优点，因而获得了广泛的工业应用。过氧化物交联法是通过过氧化物高温分解而引发一系列自由基反应，从而使 PE 发生交联。过氧化物交联法是 PE 交联改性的重要方法。用过氧化物交联法生产 PE 电线电缆已经有 30 年左右的历史，其工艺技术相对比较成熟。过氧化二异丙苯（DCP）是塑料、橡胶等工业中最常用的引发剂、交联剂和硫化剂。

当交联剂是单纯过氧化物时，其反应过程如下。

① 过氧化物 A 受热分解生成自由基：

$$A \xrightarrow{\triangle} A\cdot$$

② 自由基进攻 PE 大分子链，夺取分子链上的氢原子，生成 PE 大分子链自由基：

$$A\cdot + —CH_2—CH_2—CH_2—CH_2— \longrightarrow —CH_2—CH\cdot—CH_2—CH_2—$$

③ PE 分子链自由基具有高度的反应灵活性，当两个 PE 分子链自由基相遇时，相互结合，形成高分子链的化学键而交联：

$$—CH_2—CH^·—CH_2—CH_2— \quad + \quad —CH_2—CH^·—CH_2—CH_2—$$

$$\downarrow$$

$$\begin{array}{c} —CH_2—CH—CH_2—CH_2— \\ | \\ —CH_2—CH—CH_2—CH_2— \end{array}$$

交联反应发生在材料的熔点以上，交联后凝胶的产生限制了分子链的运动，使分子链不能充分而规整地排列形成结晶，所生成的晶体完善程度较差，这对材料的结晶行为有较大的影响。一方面，交联度的提高会增加结晶缺陷，降低熔融温度；另一方面，交联可使成型的结晶结构更稳固，有利于提高熔融温度。过氧化物交联材料的交联度较高，形成的交联点较多，对分子链的运动起到很大的阻碍作用，进一步限制了结晶的形成，导致结晶度不断下降。

热塑性材料的交联条件根据转矩流变仪的转矩进行测定，包括测定交联温度、交联剂含量、交联时间等。

三、实验试剂与仪器

（一）实验试剂

低密度聚乙烯（LDPE），密度为 0.918 ～ 0.935 g/cm，LDPE 的熔点为 110 ～ 115 ℃，加工温度为 150 ～ 210 ℃，若在惰性气体中，温度在 300 ℃ 仍稳定，但熔体和氧接触易发生降解作用。

交联剂 1，过氧化二异丙苯（DCP），熔点为 38 ～ 42 ℃、半衰期为 171 ℃ 1 min、145 ℃ 18 min、117 ℃ 10 h、101 ℃ 100 h。

交联剂 2，过氧化苯甲酰（BPO），熔点为 105 ℃，半衰期为 130 ℃ 1 min、91 ℃ 1 h、80 ℃ 5 h、72 ℃ 10 h。

根据大部分材料的加工温度，最好选择 DCP 作为交联剂。

（二）实验仪器

实验主要采用 ZJL-200 微机控制转矩流变仪（长春市智能仪器设备有限公司）测定 PE 交联过程。

四、实验步骤

（一）称量

过氧化二异丙苯或过氧化苯甲酰为 PE 质量分数的 3% 和 5% 与碳酸钙混合均

匀，PE 树脂为 30 g。

实验条件：

过氧化二异丙苯作交联剂加工温度为 150 ℃，过氧化苯甲酰作交联剂加工温度为 140 ℃，转速为 20 r/min。

（二）测试操作

① 启动转矩流变仪的微机及动力系统，按照输入程序，把标题、加热温度、转子转速（20 r/min）、测试时间、运行控制、参数显示等实验条件输入微机处理。

② 当温度达到设定值时，表示混合器已加热到规定的温度。使温度稳定 2 ～ 5 min 后。点击"扭矩清零""电动机启动"，然后点击"试验运行"采集数据，加入 30 g PE，开始实验。等到转矩平衡稳定后，加入交联剂和碳酸钙混合物，少量多次，1 min 内加完；当转矩再次平衡后，实验停止。

③储存全部的实验数据。

④ 拆卸、清理干净混合器，为再次实验做好准备。

五、数据处理

利用 Origin 软件在一个图中绘制出低密度聚乙烯交联过程的转矩曲线。标出交联发生和交联峰值的时间。

六、注意事项

① 引发剂加入时，要少量多次。

②拆卸加热板清理物料之前，一定要戴隔热手套。

③ 使用清洗物料的铜铲时，铜铲不能碰触到转子。

七、分析与思考

① 根据高分子化学的知识，当引发剂加入后，引发剂最先夺取聚烯烃哪个地方的氢原子？

② 哪些实验条件可能会影响物料交联密度的均一性？

实验十三　螺杆挤出机中塑料熔体的表观黏度测定

一、实验目的

① 了解配备螺杆挤出机转矩流变仪的基本结构及其适应范围。

② 熟悉配备螺杆挤出机转矩流变仪的工作原理及其使用方法。

③ 会使用配备螺杆挤出机转矩流变仪测定熔体的表观黏度。

二、实验原理

配备螺杆挤出机转矩流变仪设备的系统构成：

① 主驱动系统。

② 塑料挤出单元：挤出机中螺杆长径比 25∶1，螺杆直径 20 mm；五路控温。

③ 主测控系统。

④ 多段温度测控系统。

⑤ 压力测控系统。

⑥ 数据采集系统。

⑦ 计算机系统。

⑧ 计算机实验软件及数据处理系统。

配备螺杆挤出机转矩流变仪工作原理：本设备配有不同参数的螺杆，在具有一定温度的圆筒内旋转，筒的另端设有送料斗。当原料被送至筒的 2/3 处时逐步增塑，进入筒的剩余部分被均化，当所有颗粒全部熔化后即可利用毛细管挤出模具成为母料或注入模具成形，同时设备也完成对材料的表现黏度与剪切速度及剪切应力关系的测量。

设备支持软件集由表观黏度实验软件 Plastic 与表观黏度测试数据处理软件 WinNian 组成。Plastic 软件可通过 PC 机的串行口分别实现对试验数据进行采集和参数控制，以及建立人机信息交互界面。这个界面功能比较齐全，可以完成六路温度的测控，包括转速设定、测量和控制、扭矩、压力测量等。曲线窗口可以实时显示以上各数据对时间的曲线。这些数据可以由专用的 WinNian 进行数据处理。

当要改变挤出机的螺杆转速，可改变口模内外压力差 P 值和挤出流量 Q 值，试验数据可以文件的形式保存。该文件在软件 WinNian 中打开，筛选出具有代表性数据自动输出双对数坐标的 $\gamma—\eta$、$\gamma—\tau$ 曲线。

设备主要技术指标：

转速：5 ~ 120 r/min；控制精度：0.5% F.S.。

转矩测量范围：0 ~ 200 N·m；测量精度：0.5% F.S.。

熔体压力测量范围：0 ~ 100 MPa；测量精度：0.5% F.S.。

温度控制范围：室温 −300 ℃。

路控温精度：±0.1 ℃。

电动机：220 V；3 kW。

三、实验试剂

低密度聚乙烯（LDPE），为无毒、无味、无臭的乳白色颗粒，密度 0.00093 g/mm³，熔体流动速率 10 g/min，LDPE 的熔点为 110 ~ 115 ℃，加工温度为 150 ~ 210 ℃。但熔体和氧接触易发生降解作用。

测定转速对 LDPE 树脂表观黏度的影响，实验温度为 200 ℃，具体如下：

第 1 组：转速 30 r/s；

第 2 组：转速 40 r/s；

第 3 组：转速 50 r/s；

第 4 组：转速 60 r/s。

四、实验步骤

（一）Plastic 程序操作方法

点击"试验设置"。根据实验要求，可在此框内设置具体实验条件，包括毛细管内半径、毛细管长度、电动机转速。

选择"确定"并点击，程序将进入实验界面。

表观黏度试验的主界面，在此可以对六路控温表进行操作。左边是显示转速、压力、试验时间、料温等数据的窗口。上面一排是显示控温 1 ~ 6 的温度，右边设有温度控制按钮，分别对应控制控温 1 ~ 6 的加热温度。在"温度控制"框直接填入实验温度（第一段温度设置 200 ℃，点击"温度 1"，第二段至第四段分别设置 180 ℃，依次点击温度 2 ~ 4 ℃，第五段设置 160 ℃），点击各段温度按钮，屏幕上将显示所选择的控温表数据。右下方是"电动机控制"区域，在此对话框中可设定电动机转速、电动机的启动与停止工作等，电动机转速输入"正数"，电动机正向旋转，输入"负数"则反向旋转。

压力调零：当控制温度达到所规定值时，点击"压力调零"按钮，计算机将会自动在常压条件下将压力动态调整到零点。然后点击"扭矩"和"压力清零"按钮。

记录试验：压力调零后，启动"电动机"，当启动的电动机转速达到平衡状态时，将试验原料投入料桶，并及时点击"记录试验"按钮，记录整个试验过程所产生的全部试验数据。物料在螺杆挤出作用下挤出。

试验结束：试验结束时点击"试验结束"，程序将提示是否保存本次试验数据，点击"是"将保存数据，点击"否"则不保存。如果不保存本次试验数据，还可以继续做试验。

（二）WinNian 测试数据处理软件操作方法

1. 启动 WinNian 程序

如果在 Plastic 试验软件条件下做完试验并对全部试验数据进行保存后，可以点击菜单栏中的"数据处理"按钮。点击"是"启动 WinNian 程序。

2. WinNian 程序界面

点击"打开数据"按钮，则打开存有试验数据的 Plastic 文件。

界面显示的是以"压力 — 时间"曲线形式存储的上次试验结果。点击"试验曲线"，曲线变黑，再点击"曲线遍历"按钮，其上的文字将变为"结束遍历"。移动鼠标到曲线图形中将出现一个交叉的十字线，轻轻移动鼠标则曲线上每一点的数据都会显示在压力或时间的对话框中。点击"曲线恢复"，曲线则恢复至初始状态。点击工具条中的"温度 — 时间"，则显示温度与时间的关系曲线。

如要查看剪切速率 γ– 剪切应力 τ、剪切速率 γ– 表观黏度 η 曲线，则要点击工具栏中的"原始数据"按钮。在原始数据中筛选有代表性数据时，双击"选择"栏，此数据由"—"变为"Yes"即表示此行数据被选中。如果要取消选择再次双击即可。

3. 筛选原始数据原则

对于同一长径比的毛细管筛选的数据，其压力不能相等；对于多个长径比的毛细管筛选的数据，各个毛细管筛选的数据个数要相等。筛选数据的步骤如下：双击要选择的数据栏，当"选择"一栏由"—"变为"Yes"时，表示该数据被选中。双击右边"流量"一栏显示"流量输入窗口"后，输入此时的挤出流量，单击"更改输入"按钮，即可将流量数据输入数据表格中。如果需要取消选择的数据，只需双击该数据栏使"选择"一栏由"Yes"变为"—"，即表示该数据已被取消。

双击右边"流量"栏。用秒表记录时间，切取 1 min 挤出的物料质量，计算流量。编辑框中输入试验中称量记录的数据。再输入"样品在试验温度的密度"（g/mm³）

（低密度聚乙烯：0.93 g/cm³），输入"流动速率"。在"原始数据"中筛选好的数据可以到筛选后数据窗口中查看。如有错误数据，可在"原始数据"中更改，确定无误后点击。

4. Bagley 校正

在用毛细管挤出方法测量聚合物材料的表观黏度时，由于使用的模具不同，有时需对测量的原始数据进行入口校正。如用圆形毛细管测量表观黏度时，流体流过入口时的速度由大到小递减，流线收敛，从而引起不同流速层间黏性摩擦能量损耗。同时，流体从大口流入小口时，在流动方向上产生速度梯度，引起弹性形变，也会消耗能量。这两项能量的损失使得圆形毛细管入口处的压力降特别大，需要校正。

5. 非线性校正

非线性校正又称雷比诺维茨（Weissenberg）校正。在绘制表观流变试验曲线时，忽略了黏度 η 对剪切速率 γ 的依赖性，因此存在误差，需要依照 $(3n+1)/4n$ 的关系式进行修正，将曲线横坐标换算成真实的剪切速率 γ，将表观黏度 η 转换成真实黏度 η。真实黏度是微分黏度，其 $\eta = d\tau/d\gamma$。它应是真实流变曲线上各点切线的斜率。在 $\lg\tau - \lg\gamma$ 的表观流变曲线上取若干个换算点，如在 A 点在原曲线 a 上。在 A 点作该曲线的切线，求得流动指数 $n = d\lg\tau/d\lg\gamma$。将该 n 值代入式 $(3n+1)/4n$ 以 γ_a 得到真实剪切速率 γ。以原 A 点剪切应力 τ_r 和新 γ 得到 B 点。将若干经换算的新点连成新的曲线 b。再用此方法获得更精确的新曲线。这样逐次逼近，就可以得到真实的 $\lg\tau/\lg\gamma$ 的流变曲线。

五、数据处理

记录低密度聚乙烯不同转速下的转矩；利用 Origin 软件绘制出低密度聚乙烯在相同温度下和不同转速下的转速 — 表观黏度关系曲线。

六、注意事项

挤出机温度很高，应远离，小心烫伤。

七、分析与思考

① 升高温度和提高挤出机转速，聚合物黏度为何降低？
② 除了温度和挤出机转速，还有哪些因素会影响聚合物熔体黏度？

实验十四 介电常数及介电损耗测定

一、实验目的

① 加深理解介电常数、介电损耗的物理意义。
② 掌握优值计（Q 表）的使用方法。

二、实验原理

介电常数 ε 能表征电介质贮存电能的能力大小，是介电材料的一个十分重要的性能指标。介电损耗 $\tan\sigma$ 是指电介质在交变电场中，每周期内介质的损耗能量与贮存能量之比值。这种损耗由通过介质的漏导电流引起的漏导电流损耗和由吸收电流引起的吸收电流损耗所组成。为了表明交变电场下介电损耗，实际计算时常利用电容器的等效电路。

如果选择介电测定的温度，使链段运动的松弛时间可与实验所用的频率相比较，则可用介电测量方法来检测极性聚合物在玻璃化转变时才表现出的链段运动。此时，因为聚合物的偶极跟不上电场方向的改变，所以介电常数随频率增加而减小，同时介质损耗系数经过一极大值。可根据聚合物作为电介质的电容器的电容和损耗因子，来计算介电常数和介质损耗系数。大多数测定 T_g 的方法（如膨胀计或热测量）都是很慢的，松弛时间一般超过 100 s，而介电方法相反，只需 $10^{-6} \sim 10^{-2}$ s。用 WLF 方程可以算出与上面所述的松弛时间之差相对应的 T_g 变化值。常用测定介电常数和介电损耗的仪器为优值计（Q 表）。优值计由高频信号发生器、LC 谐振回路、电子管电压表和稳压电源组成。其原理如图 3-13 所示。

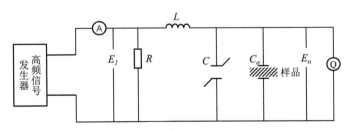

图 3-13 Q 表工作原理图

在这个线路中，R 作为一个耦合元件，被设计成无感的。如果保持回路中电流不变，那么当回路发生谐振时，其谐振电压比输入电压高 Q 倍，即正 $E_0 = QE_i$，因此，直接把电压指示刻度记作 Q 值，Q 又称为品优因数。不加样品时，回路的能量损耗小，Q 值最高；加了样品后，Q 值降低。分别测定不加样品与加样品时的 Q 值（以 Q_1、Q_2 表示）以及相应的谐振电容 C_1、C_2，则介电常数和介电损耗的计算公式如下。

$$\varepsilon = 14.4d（C_1-C_2）/D^2 \tag{3-47}$$

式中：d 为样品厚度，cm；D 为电极直径，cm。

$$\tan\sigma = [C_1（Q_1-Q_2）]/[Q_1Q_2（C_1-C_2）] \tag{3-48}$$

材料的 ε 和 $\tan\sigma$ 影响因素很多，如湿度、温度、施于样品上的电压、接触电极材料等。因此，测试必须在标准湿度、温度、一定的电压范围内才能进行。

三、实验试剂与仪器

（一）实验试剂

样品要求为圆形，直径为 25.4 ～ 31.0 mm，厚度可在 1 ～ 5 mm，若太薄或太厚测试精度都会下降。样品尽可能平直，表面平滑，无裂纹、气泡或机械杂质。实验使用 PP、PE 注射成型样品。在测定前用溶剂（对试样无作用）清洁试样表面，并在（25±2）℃ 或（25±5）℃、相对湿度为（65±5）% 的环境中放置 16 h 以上。

（二）实验仪器

WY2851 Q 表、WY914 介质损耗测试装置、KI-2 型电感组。

四、实验步骤

① 测试前准备。首先，检查仪器 Q 值指示电表的机械零点是否准确。其次，将 Q 表主调谐电容器置于最小电容，即顺时针转到底。调谐电容量及调节振荡频率时，当刻度已达最大或最 h，不要用力继续调，以免损坏刻度和调节机构。再次，选择适当电感量的线圈接在 LX 接线柱上，实验选用标准电感 LKI-3（L=0.996 μH、C=5 pF、$Q \geqslant 250$）。最后，将介电损耗测试装置插到 Q 表测试回路的"电容"即"CX"两个端口上。

② 接通电源，仪器预热 150 min，待频率读数稳定方可进行有效测试。注意测试时手不得靠近被测样品，以免被人体感应影响。

③ 选择合适频率挡（本实验选择高频段），分别用粗调和细调两个旋钮调节频率开关，使测量频率处于本实验所需的 15 MHz。

④ 选择 Q 值量程（选择高量程时，低量程按钮同时按下。本实验选择 1000，注意把 31、100、310、1000 挡的开关一起按下）。

⑤ 调节平板电容器测微杆，使两个极片相接为止，读取刻度值记为 D_0，测微杆应在 0 附近。

⑥ 松开两个极片，将被测样品插入两个极片之间，调节平板电容器测微杆顶端调节头使两个极片夹住样品，读取新的刻度值，记为 D_1，这样即可测得样品的厚度 $D_2 = D_1 - D_0$。

⑦ 调节圆筒电容器使其刻度置于 5.0 mm。

⑧ 使测试频率保持不变（以电子板上的读数为准，可调节调频旋钮使频率不变），改变 Q 表调谐电容，使之谐振，读得 Q 值（即 Q 最大值）。

⑨ 先顺时针方向，后逆时针方向，调节圆筒电容器，读取当 Q 表指示为原来最大值一半时测微杆上的两个刻度值，取这两个刻度差为 M_1。

⑩ 调节圆筒电容器，使 Q 表再次谐振（谐振时，Q 值应与前次谐振值一致），此时，圆筒电容器重新回到刻度 5.0 mm 处。

⑪ 取出平板电容器中的样品，这时 Q 表又失谐，调节平板电容器，使 Q 表再次谐振，读取测微杆刻度值记为 D_3，其变化值为 $D_4 = D_3 - D_0$。

⑫ 和 ⑨ 操作一样，得到新的两个刻度值之差，记为 M_2，M_2 比 M_1 小。

⑬ 测试完毕，顺时针旋转调谐钮，使 Q 表主调谐电容器重新置于最小电容处，关闭仪器电源。

五、数据处理

记录测试条件并计算。

记录试样名称、室温和湿度；计算以下内容。

① 被测样品的介电常数：

$$\varepsilon = D_2 / D_4 \tag{3-49}$$

② 被测样品的介电损耗：

$$\tan\sigma = K (M_1 - M_2) / 15.5 \tag{3-50}$$

式中：K 为圆筒电容器的线性系数，$K = 0.32$。

六、注意事项

① 实验吸湿后会影响测量精度，所以应避免样品受潮。

② 电压或频率的波动常使电桥不能达到良好平衡，所以测量时要求电压和频

率稳定，电压波动不得大于 1%，频率波动不得大于 0.5%。

七、分析与思考

① 影响样品厚度测定的因素有哪些？
② 影响样品介电损耗的因素有哪些？

实验十五　聚合物电阻的测量

一、实验目的

① 了解聚合物电阻与结构的关系。
② 掌握用 PC28 型数字高阻计测定绝缘材料电阻的方法。

二、实验原理

聚合物的导电性通常用与尺寸无关的体积电阻率（ρ_v）和表面电阻率（ρ_s）来表示。ρ_v 表示聚合物截面积为 1 cm² 和厚 1 cm 的单位体积对电流的阻抗。

$$\rho_v = R_v S/h \tag{3-51}$$

式中：R_v 为体积电阻；S 为测量电极的面积；h 为试样的厚度。

ρ_s 表示聚合物长为 1 cm 和宽为 1 cm 的单位表面对电流的阻抗。

$$\rho_s = R_s L/b \tag{3-52}$$

式中：R_s 为表面电阻；L 为平行电极的长；b 为平行电极间距。

电导率是电阻率的倒数。电导是表征物体导电能力的物理量。它是在电场的作用下物体中的载流子移动的现象。高分子是由许多原子以共价键连接起来的，分子中没有自由电子，也没有可流动的自由离子（除高分子电解质含有离子外），导电能力很低，是优良的绝缘材料。一般认为，聚合物的主要导电因素是小杂质，称为杂质电导。但也有特殊结构的聚合物呈现半导体的性质，如聚乙炔、聚乙烯基咔唑等。当聚合物被加于直流电压时，流经聚合物的电流最初随时间延长而衰减，最后趋于平稳，包括 3 种电流，即瞬时充电电流、吸收电流和漏导电流（图3-14）。

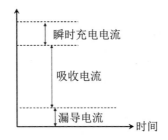

图 3-14　流经聚合物的电流

由于吸收电流的存在，在测定电阻（电流）时，要统一规定读取数值时间（1 min）。另外，在测定中，通过改变电场方向反复测量取平均值，以尽量消除电场方向对吸收电流的影响引起的误差。

三、实验试剂与仪器

（一）实验试剂

PMMA 与 PVC 样片 [$\varPhi$100 圆板，厚（2±0.2）mm]。

（二）实验仪器

PC68 型数字高阻计。

四、实验步骤

（一）使用前的准备和检查

① 检查测试环境的温度和湿度是否在允许范围内，尤其当环境湿度高于 80% 时，测量较高的绝缘电阻（>10^{10} Ω）及微电流（<10^{-8} A）时可能会导致较大的误差。

② 检查交流电源电压是否符合（220±22）V。

③ 将数字高阻计接通电源，合上电源开关，显示屏有显示；如发现显示屏不显示，应立即切断电源，待查明原因后方可使用。

④ 接通电源预热 5 min。

（二）测量电阻

① 将被测试样用测量电缆线接至 R 输入端钮和高压端钮。

② 按面板上的"R"键。

③ 按面板上的"充电"键。

④ 按面板上的"自动"键。根据测试电压的需要调节"▲"键或"▼"键。

⑤ 按面板上的"测量"键，直读显示屏上显示的数据。

⑥ 一个试样测试完毕，先按"放电"键，再按"复位"键，取出试样，对电容量较大的试样（约在 0.01 μF 以上者）需经 1 min 左右的放电，方能取出试样，否则测试者将受到电容中残余电荷的电击。

⑦ 按"复位"键，进入下一个试样的测试，具体操作步骤同 ① ~ ⑥。

⑧ 在数字高阻计使用完毕后，应先切断电源，再安放好所有接线，将数字高阻计安放至保管处。

注意： 在测试试样电阻时，如发现数据有不断上升的现象，这是由介质的吸收现象所致，若在很长时间内未能稳定，一般情况下，取其按"测量"键后 1 min 时的读数作为试样的绝缘电阻值。在测量 >1010 Ω 的高值电阻时，要使用屏蔽箱，以保证测量数据的稳定性。

五、数据处理

① 记录原始数据，包括试样名称；室温；湿度；主电极直径 D_1（cm）；保护环直径 D_2（cm）；样品厚度 h（cm）；平均厚度 $\bar{h}$（cm）；平均 R_v（Ω）；R_s（Ω）；平均 R_s（Ω）。

② 按照基本原理中的公式计算 R_v、R_s，其中：$\rho_v = R_v S/h = \pi D_1^2 R_v/4h$；$D_1$ 为测量电极直径，本实验中所用的电极直径为 5 cm。

六、注意事项

① 在测试时，仪器及试样应放在高绝缘的垫板上，防止漏电影响测试结果。

② 保证试样表面洁净、防潮。

七、分析与思考

① 影响电阻测定的因素有哪些？

② 用电性能研究结构有什么优点？

实验十六 红外光谱试样制备、测试及图谱影响因素分析实验

一、实验目的

① 掌握红外光谱分析法的基本原理。

② 掌握溴化钾压片法制备固体样品的方法。

③ 学习并掌握美国尼高立（Nicolet）iS5 傅里叶变换红外光谱仪的使用方法。

④ 初步学会对红外吸收光谱图的解析。

二、实验原理

红外光谱法（IR）又称为"红外分光光度分析法"，是分子吸收光谱法的一种。它是利用物质对红外光区的电磁辐射的选择性吸收进行结构分析及对各种吸收红外光的化合物进行定性和定量分析的一种方法。被测物质的分子在红外线照射下，只吸收与其分子振动、转动频率相一致的红外光谱。对红外光谱进行剖析，可对物质进行定性分析。化合物分子中存在许多原子团，各原子团被激发后会产生特征振动，其振动频率也必然反映在红外吸收光谱上。据此可鉴定化合物中各种原子团，也可进行定量分析。

（一）红外光谱产生条件

① 辐射应具有能满足物质产生振动跃迁所需的能量，即 $\Delta E = E_2 - E_1 = hc/\lambda$ 。

② 辐射与物之间有相互耦合作用，产生偶极矩的变化（没有偶极矩变化的振动跃迁，无红外活性；没有偶极矩变化但是有极化度变化的振动跃迁，有拉曼活性）。

（二）应用范围

红外光谱对样品的适用性相当广泛，固态、液态或气态样品都能用该方法进行分析，无机、有机、高分子化合物也都可检测。

① 红外光谱分析可用于研究分子的结构和化学键，也可以作为表征和鉴别化学物种的方法。

② 红外光谱具有高度特征性，可以采用与标准化合物的红外光谱对比的方法进行分析鉴定。

③ 利用化学键的特征波数鉴别化合物的类型，并可用于定量测定。

④ 红外吸收峰的位置与强度反映了分子结构上的特点，可以用来鉴别未知物的结构组成或确定其化学基团；而吸收谱带的吸收强度与化学基团的含量有关，可用于进行定量分析和纯度鉴定。

（三）定性分析

传统的利用红外光谱法鉴定物质通常采用比较法，即与标准物质对照和查阅标准谱图的方法，但是该方法对于样品的要求较高并且依赖于谱图库的大小。如果在谱图库中无法检索到一致的谱图，则可以用人工解谱的方法进行分析，而这需要大量的红外知识及经验积累。大多数化合物的红外谱图是复杂的，即便是有经验的专家，也不能保证从一张孤立的红外谱图上得到全部分子结构信息，如果需要确定分子结构信息，就要借助其他的分析测试手段，如核磁、质谱、紫外光谱等。尽管如此，红外谱图仍是提供官能团信息最方便、快捷的方法。

（四）定量分析

定量分析的依据是比尔定律：$A=\log(I_0/I)$。如果有标准样品，并且标准样品的吸收峰与其他成分的吸收峰重叠少时，可以采用标准曲线法以及解联立方程的办法进行单组分、多组分定量。对于两组分体系，可采用比例法。

（五）红外谱图的解析

中红外光谱区可分成 4000～1300（1800）cm^{-1} 和 1800（1300）～600 cm^{-1} 两个区域。最有分析价值的基团频率在 4000～1300 cm^{-1}，这一区域称为基团频率区、官能团区或特征区。区内的峰是由伸缩振动产生的吸收带，比较稀疏，容易辨认，常用于鉴定官能团。

在 1800（1300）～600 cm^{-1} 区域，除单键的伸缩振动外，还有因变形振动产生的谱带。这种振动基团频率和特征吸收峰与整个分子的结构有关。当分子结构稍有不同时，该区的吸收有细微的差异，并显示出分子特征。这种情况就像人的指纹，因此称为指纹区。指纹区对于指认结构类似的化合物很有帮助，而且可以作为化合物存在某种基团的旁证。

第一，基团频率区可分为三个区域。

① 4000～2500 cm^{-1} X—H 伸缩振动区，X 可以是 O、N、C 或 S 等原子。O—H基的伸缩振动出现在 3650～3200 cm^{-1} 范围，它可以作为判断有无醇类、酚类和有机酸类的重要依据。当醇和酚溶于非极性溶剂（如 CCl_4），浓度为 0.01 mol/dm^3 时，在 3650～3580 cm^{-1} 处出现游离 O—H 基的伸缩振动吸收，峰形尖锐，且没有其他吸

收峰干扰，易于识别。当试样浓度增加，羰基化合物产生缔合现象，O—H 基的伸缩振动吸收峰向低波数方向位移，在 3400 ~ 3200 cm^{-1} 出现一个宽而强的吸收峰。胺和酰胺的 N—H 伸缩振动也出现在 3500 ~ 3100 cm^{-1}，因此，可能会对 O—H 伸缩振动有干扰。C—H 的伸缩振动可分为饱和和不饱和两种：饱和的 C—H 伸缩振动出现在 3000 cm^{-1} 以下，3000 ~ 2800 cm^{-1}，取代基对它们影响很小。如 —CH$_3$ 基的伸缩吸收出现在 2960 cm^{-1} 和 2876 cm^{-1} 附近；R$_2$CH$_2$ 基的吸收在 2930 cm^{-1} 和 2850 cm^{-1} 附近；R$_3$CH 基的吸收基出现在 2890 cm^{-1} 附近，但强度很弱。不饱和的 C—H 伸缩振动出现在 3000 cm^{-1} 以上，以此可判别化合物中是否含有不饱和的 C—H 键。苯环的 C—H 键伸缩振动出现在 3030 cm^{-1} 附近，它的特征是强度比饱和的 C—H 键稍弱，但谱带比较尖锐。不饱和的双键 =C—H 的吸收出现在 3010 ~ 3040 cm^{-1} 范围，末端 =CH$_2$ 的吸收出现在 3085 cm^{-1} 附近。三键上的 C—H 伸缩振动出现在更高的区域（3300 cm^{-1}）附近。

② 2500 ~ 1900 cm^{-1} 为三键和累积双键区，主要包括 —C≡C、—C≡N 等三键的伸缩振动，以及 —C=C=C、—C=C=O 等累积双键的不对称性伸缩振动。对于炔烃类化合物，可以分成 R—C≡CH 和 R—C≡C—R 两种类型：R—C≡CH 的伸缩振动出现在 2100 ~ 2140 cm^{-1} 附近；R—C≡C—R 出现在 2190 ~ 2260 cm^{-1} 附近；R—C≡C—R 分子是对称的，为非红外活性。—C≡N 基的伸缩振动在非共轭的情况下出现在 2240 ~ 2260 cm^{-1} 附近。当与不饱和键或芳香核共轭时，该峰位移到 2220 ~ 2230 cm^{-1} 附近。若分子中含有 C、H、N 原子，—C≡N 基吸收比较强而尖锐。若分子中含有 O 原子，且 O 原子离 —C≡N 基越近，—C≡N 基的吸收越弱，甚至观察不到。

③ 1900 ~ 1200 cm^{-1} 为双键伸缩振动区。该区域主要包括三种伸缩振动：C=O 伸缩振动出现在 1900 ~ 1650 cm^{-1}，是红外光谱中特征的且往往是最强的吸收，以此很容易判断酮类、醛类、酸类、酯类以及酸酐等有机化合物。酸酐的羰基吸收带由于振动耦合而呈现双峰，苯的衍生物为泛频谱带，出现在 2000 ~ 1650 cm^{-1} 范围，是 C—H 面外和 C=C 面内变形振动的泛频吸收，虽然强度很弱，但它们的吸收峰在表征芳核取代类型上有一定的作用。

第二，指纹区。

① 1800（1300）~ 900 cm^{-1} 区域是 C—O、C—N、C—F、C—P、C—S、P—O、Si—O 等单键的伸缩振动和 C=S、S=O、P=O 等双键的伸缩振动吸收。其中 1375 cm^{-1} 的谱带为甲基的 C—H 对称弯曲振动，对识别甲基十分有用，C—O 的伸缩振动在 1300 ~ 1000 cm^{-1}，是该区域最强的峰，也较易识别。

② 900 ~ 650 cm^{-1} 区域的某些吸收峰可用来确认化合物的顺反构型。利用上区域中苯环的 C—H 面外变形振动吸收峰和 2000 ~ 1667 cm^{-1} 区域苯的倍频或组合

频吸收峰，可以配合确定苯环的取代类型。

三、实验试剂与仪器

（一）实验试剂

溴化钾、聚乙二醇（固体）、无水乙醇。

（二）实验仪器

美国尼高立 iS5 傅里叶变换红外光谱仪、烘箱、769YP-15A 粉末压片机及配套压片模具、玛瑙研钵。

四、实验步骤

① 软件参数设置。打开红外光谱仪电源开关，待仪器稳定 30 min 以上方可测定。打开计算机，打开红外软件，在 Collect 菜单下的 Experiment Set-up 中设置实验参数。实验参数设置：分辨率 4 cm^{-1}，扫描次数 16 次，扫描范围 4000 ～ 400 cm^{-1}。

② 使用压片法进行样品制备。首先，将待测样品和溴化钾粉末放入烘箱中加热除水。用乙醇洗涤压片所用器具，然后在红外灯下烤干，以下各步骤均在红外灯下完成。其次，取 20 ～ 30 mg 溴化钾压片，放入红外光谱仪中进行采集，溴化钾背景进行扣除处理；取待测固体样品约 1.5 mg，按 1∶100 的比例加入溴化钾，在玛瑙研钵中充分研磨混合。最后，取适量被测物质和溴化钾的混合物倒入模具中。将压模器整体放入压机上，锁上油压开关，推动摇杆，将压力压到 10 MPa 下保持 3 min，打开油压开关，取出压器，小心取出样品（均匀透明即可），将压后的薄膜片放入磁性样品架。

③ 进行背景测量。

④ 进行样品测量。

⑤ 将结果导出并进行分析。

⑥ 关闭计算机和仪器。

五、数据处理

将得到的聚乙二醇（固体）谱图打印出来，对谱图进行分析，确定各峰归属。

六、注意事项

① 实验室环境应该保持干燥。

② 确保样品与药品的纯度与干燥度。

③ 制备样品的动作要迅速以防其吸收过多的水分而影响实验结果。

④ 试样放入仪器的时候动作要迅速，避免当中的空气流动而影响实验的准确性。

⑤ 试样的厚度要适当，以免其吸收量过大而影响实验结果。

⑥ 在进行聚合物红外光谱解析时应注意以下几点。

首先，光谱解析的正确性依赖于能否得到一张符合要求的光谱图。这和分析技术条件，如制样是否均匀、样品厚薄是否恰当、本体扣除是否正确等有关，因此必须注意保持最佳操作条件，方能得到一张符合要求的谱图。

其次，对未知聚合物或添加剂的红外谱图的正确判别，除要掌握红外分析的相关知识外，还必须对聚合物样品的来源、性能及用途有足够的了解。

最后，聚合物谱图虽与分子链中重复单元的谱图相似，但仍有自身的特殊性。由于聚合物聚集态结构的不同、聚合物序列结构的不同等都会影响谱图，因此在解析谱图时要特别注意。

七、分析与思考

① 理论上，每个振动自由度在红外光谱区均产生一个吸收峰，但实际的红外谱图中峰的数目小于自由度，为什么？

② 为什么要选用溴化钾（KBr）作为承载样品的介质？

③ 用 FT-IR 仪测试样品的红外光谱时为什么要先测试背景？

实验十七 聚合物的差热分析

一、实验目的

① 掌握差示扫描量热法（DSC）的基本原理及仪器使用方法。

② 测量聚乙烯的 DSC 曲线，并求出其 T_m、ΔH_m 和 X_c。

二、实验原理

差热分析（Differential Thermal Analysis，DTA）法是一种重要的热分析方法，是指在程序控温下，测量物质和参比物的温度差与温度或者时间的关系的一种测试技术。该法广泛用于测定物质在热反应时的特征温度及吸收或放出的热量，包括物质相变、分解、化合、凝固、脱水、蒸发等物理或化学反应，被广泛应用于无机、有机，特别是高分子聚合物、玻璃钢等领域。DTA 操作简单，但在实际工作中往往发现，同一试样在不同仪器上测量，或不同的人在同一仪器上测量，所得到的差热曲线结果有差异，峰的最高温度、形状、面积和峰值大小都会发生一定变化。其主要原因是热量与许多因素有关，传热情况比较复杂。虽然过去许多人在利用 DTA 进行量热定量研究方面做过许多努力，但均需借助复杂的热传导模型进行繁杂的计算，而且由于引入的假设条件往往与实际存在差别而使得精度不高，差示扫描量热法（Differential Scanning Calorimetry，DSC）就是为克服 DTA 在定量测量方面的不足而发展起来的一种新技术。20 世纪 60 年代，DSC 被提出，其特点是使用温度范围比较宽、分辨能力和灵敏度高，根据测量方法的不同，可分为功率补偿型 DSC 和热流型 DSC，主要用于定量测量各种热力学参数和动力学参数。

DSC 是在程序升温的条件下，测量试样与参比物之间的能量差随温度变化的一种分析方法。DSC 有补偿式和热流式两种。在差示扫描量热时，为使试样和参比物的温差保持为零，在单位时间所必须施加的热量与温度的关系曲线为 DSC 曲线。曲线的纵轴为单位时间所加热量，横轴为温度或时间。曲线的面积正比于热焓的变化。DSC 与 DTA 原理相同，但性能优于 DTA，测定热量比 DTA 准确，而且分辨率和重现性也比 DTA 好。由于具有以上优点，DSC 在聚合物领域获得了广泛应用，大部分 DAT 的应用领域都可以采用 DSC 进行测量，且灵敏度和精确度更高，试样用量更少。由于其在定量上的方便，更适于测量结晶度、结晶动力学以及聚合、固化、交联氧化、分解等反应的反应热及研究其反应动力学。

DSC 与 DTA 在仪器结构上的主要不同是 DSC 仪器增加了一个差动补偿放大器，且样品和参比物的坩埚下面装置了补偿加热丝。

当试样发生热效应时（如放热），试样温度高于参比物温度，放置在它们下面的一组差示热电偶产生温差电势 $U\Delta T$，经差热放大器放大后进入功率补偿放大器，功率补偿放大器自动调节补偿加热丝的电流，使试样下面的电流 I_S 减小，参比物下面的电流 I_R 增大，而（I_S+I_R）保持恒定值，从而降低试样的温度，增高参比物的温度，使试样与参比物之间的温差 ΔT 趋于零。上述热量补偿能及时、迅速完成，使试样和参比物的温度始终维持相同。

设两边的补偿加热丝的电阻值相同，即 $R_S=R_R=R$，补偿电热丝上的电功率为 $P_S=I_S^2R$ 和 $P_R=I_S^2R$。当样品无热效应时，$P_S=P_R$；当样品有热效应时，P_S 和 P_R 之差 ΔP 能反映放（吸）热的功率。

$$\Delta P=P_S-P_R=(I_S^2-I_R^2)R=(I_S+I_R)(I_S-I_R)R=(I_S+I_R)\Delta U=I\Delta U \qquad （3-53）$$

由于总电流 $I_S+I_R=I$，为恒定值，所以样品放（吸）热的功率 ΔP 只与 ΔU 成正比。记录 ΔP（$I\Delta U$）随温度 T（或 t）的变化就是试样放热速度（或吸热速度）随 T（或 t）的变化，这就是 DSC 曲线。在 DSC 曲线中，峰的面积是维持试样与参比物温度相等所需要输入的电能的真实量度，它与仪器的热学常数或试样热性能的各种变化无关，可进行定量分析。

DSC 曲线的纵坐标代表试样放热或吸热的速度，即热流速度，单位是 mJ/s，横坐标是 T（或 t），同样规定吸热峰向下，放热峰向上。试样放热或吸热的热量如下。

$$\Delta Q=\int_{t_1}^{t_2}\Delta P'\mathrm{d}t \qquad （3-54）$$

式（3-54）右边的积分为峰的面积，峰面积 A 是热量的直接度量，也就是 DSC 可直接测量热效应的热量。但试样和参比物与补偿加热丝之间总存在热阻，补偿的热量有些漏失，因此热效应的热量应是 $\Delta Q=KA$。K 称为仪器常数，可由标准物质实验确定。这里的 K 不随温度、操作条件而变，这就是 DSC 比 DTA 定量性能好的原因。同时试样和参比物与热电偶之间的热阻可做得尽可能小，这使 DSC 对热效应的响应快、灵敏，对峰的分辨率好。

（一）DSC 曲线

当温度达到玻璃化转变温度 T_g 时，试样的热容增大，就需要吸收更多的热量，使基线发生位移。假如试样是能够结晶的，并且处于过冷的非晶状态，那么在 T_g 以上可以进行结晶，同时放出大量的结晶热而产生一个放热峰。进一步升温，结晶熔融吸热，出现吸热峰。再进一步升温，试样可能发生氧化、交联反应而放热，出现放热峰。最后试样发生分解，吸热，出现吸热峰。当然，并不是所有的聚合物试样都存在上述全部物理变化和化学变化。

确定 T_g 的方法是由玻璃化转变前后的直线部分取切线，再在实验曲线上取一点，使其平分两切线间的距离 $\Delta t_{1/2}$，这一点所对应的温度即为 T_g。T_m 的确定，对低分子纯物质来说，如苯甲酸，由峰的前部斜率最大处作切线与基线延长线相交，此点所对应的温度取作 T_m；对聚合物来说，由峰的两边斜率最大处引切线，相交点所对应的温度取作 T_m，或取峰顶温度作为 T_m。T_c 通常也是取峰顶温度。峰面积的取法可用求积仪或数格法、剪纸称重法量出。如果峰前峰后基线基本呈水平，峰对称，其面积以峰高乘半宽度，如下：

$$A=h\Delta t_{1/2} \tag{3-55}$$

（二）热效应的计算

根据峰（谷）面积就能求得过程的热效应。DSC 中峰（谷）的面积大小直接和试样放出（吸收）的热量有关：$\Delta Q=KA$，系数 K 可用标准物确定；而仪器的差动热量补偿部件也能计算。

由 K 值和测试试样的重量、峰面积可求得试样的熔融热 ΔH_{f}（J/mg），若百分之百结晶的试样熔融热 ΔH_{f}^{*} 是已知的，则可按下式计算试样的结晶度：

$$X_{D}=\Delta H_{f}/\Delta H_{f}^{*}\times 100\% \tag{3-56}$$

（三）影响实验结果的因素

DTA、DSC 的原理和操作都比较简单，但要取得精确的结果却很不容易，因为影响因素太多了，有仪器因素、试样因素。

仪器因素主要包括炉子大小和形状、热电偶的粗细和位置、加热速度、测试时的气氛、盛放样品的坩埚材料和形状等。其中，升温速度对 T_{g} 测定影响较大，因为玻璃化转变是松弛过程，升温速度太慢，转变不明显；升温快，转变明显，但移向高温。升温速度对峰的形状也有影响，升温速度慢，峰尖锐，分辨率高；而升温速度快，基线漂移大。因此，一般采用 5 ℃/min 为宜。此外，实验中尽可能做到条件一致，才能得到重现性好的结果。

气氛可以是静态的，也可以是动态的。就气体的性质而言，可以是惰性的，也可以参加反应，视实验要求而定。对聚合物的玻璃化转变和相转变测定时，气氛影响不大，但一般采用氮气，流量 30 mL/min 左右。

试样因素主要包括颗粒大小、热导性、比热、填装密度、数量等。在固定一台仪器的情况下，仪器因素中起主要作用的是加热速度，试样因素中主要影响其结果的是试样的数量，只有当试样的量不超过某种限度时峰面积和试样的量才呈直线关系，超过这一限度就会偏离线性。增加试样的量会使峰的尖锐程度降低，在仪器灵敏度许可的情况下，试样应尽可能少。在测 T_{g} 时，热容变化小，试样的量要适当多一些。试样的量和参比物的量要匹配，以免两者热容相差太大引起基线漂移。试样的颗粒度对那些表面反应或受扩散控制的反应影响较大，粒度小，使峰移向低温方向。试样要装填密实，否则会影响传热。在测定聚合物的玻璃化转变和相转变时，最好采用薄膜或细粉状试样，并使试样铺满盛皿底部，加盖压紧。对于结晶性聚合物，若将链端当作杂质处理，高分子的分子量对熔点的影响可表示如下。

$$\frac{1}{T_m} - \frac{1}{T_m^0} = \frac{R}{\Delta H_u} \frac{2}{P_n} \tag{3-57}$$

式中：P_n 为聚合度。ΔH_u 与结晶状态的性质无关，测定不同分子量结晶聚合物的 T_m，以 T_m 对 $\frac{1}{M}$ 作图，可求出平衡熔点 T_m^0。

三、实验试剂与仪器

（一）实验试剂

聚乙烯、聚对苯二甲酸乙二醇酯等，参比物为 $\alpha\text{-}Al_2O_3$。

（二）实验仪器

差示量热扫描仪。

四、实验步骤

① 开机。打开 DSC 主机、计算机。

② 气体。接好气体管路，接通气源，调整气体流量。

③ 样品制备。所用样品质量一般为 3 ~ 5 mg，可根据样品性质适当调整加样量。把样品压制得尽量延展平整，以保证压制样品时坩埚底的平整。把装样品的坩埚置于压样机中，盖上坩埚盖，旋转压样机扳手，把坩埚样品封好。同时不放样品，压制一个空白坩埚作为参比样品。压完后检查坩埚是否封好，且要保证坩埚底部清洁无污染。滑开样品腔体盖，用镊子移开炉盖和盖片，把空白坩埚放置于左边参比盘，把制备好的样品坩埚放置于右边样品盘，盖上盖片和炉盖。

④ 设定测定参数。打开测试软件。编辑起始温度、升温速率、结束温度以及保温时间等温度程序。输入样品基本信息，包括样品名称、质量，坩埚材料，使用气体种类、气体流速，操作者、备注等信息。

⑤ 样品测试。待仪器基线稳定后，点击"Start"键，运行一次分析测试，仪器会按照设定的参数运行，并按照设定的路径储存文件。

⑥ 关机。样品测量完成后，待样品腔温度降到室温左右，取出样品，依次关机：DSC 主机、气体控制器、系统控制器和计算机。

⑦ 数据分析。打开数据分析软件进行数据分析。

五、数据处理

（一）计算聚合物熔点 T_m

从 DSC 曲线熔融峰的两边斜率最大处引切线，相交点所对应的温度为 T_m。

（二）计算聚合物的熔融热 ΔH_m

由标准物的 DSC 曲线熔融峰测出单位面积所对应的热量（数据已储存于计算机中），然后根据被测试样的 DSC 曲线熔融峰面积，求得其 ΔH_m。

（三）计算聚合物的结晶度 X_c

计算聚合物的结晶度。

六、注意事项

样品应装填紧密、平整，如在动态气氛中测试，还须加盖铝片。

七、分析与思考

① DSC 的基本原理是什么？其在聚合物中有哪些用途？

② DSC 实验中如何求得过程中的热效应？

③ 有一件由快速冷却得到的低结晶度的聚对苯二甲酸乙二醇酯（PET）样品，现在以较慢的升温速度做 DSC 实验直到分解。请画出其 DSC 谱图，并列出求得实验前样品结晶度的方法及计算公式。

实验十八　聚合物的热重分析（TGA）

一、实验目的和要求

① 研究聚合物样品在升温过程中的失重情况，从而了解聚合物的热分解温度、热稳定性以及降解产品的性质。

② 通过 TGA 实验为聚合物材料的设计合成、性能改进以及应用提供重要的参

考依据。

③ 掌握热重分析的基本原理。

④ 初步掌握热重分析仪器的结构和使用方法。

二、实验原理

热重法（TG）是在程序控制温度的条件下测量物质的质量与温度关系的一种技术。热重分析仪主要由天平、炉子、程序控温系统、记录系统等几个部分构成。最常用的测量的原理有两种，即变位法和零位法。变位法是根据天平梁倾斜度与质量变化成比例的关系，用差动变压器等检知倾斜度，并自动记录。零位法是采用差动变压器法、光学法测定天平梁的倾斜度，然后调整安装在天平系统和磁场中线圈的电流，使线圈转动，恢复天平梁的倾斜。由于线圈转动所施加的力与质量变化成比例，这个力又与线圈中的电流成比例，因此只需测量并记录电流的变化，便可得到质量变化的曲线。

热重实验仪器主要由记录天平、炉子、程序控温装置、记录仪器和支撑器等几个部分组成，其中最主要的组成部分是记录天平，基本上与一台优质的分析天平相同，如准确度、重现性、抗震性能、反应性、结构坚固程度以及适应环境温度变化的能力等，都有较高的要求。记录天平根据动作方式可以分为两大类：偏转型和指零型，无论哪种方式都是将测量到的重量变化用适当的转换器变成与重量变化成比例的电信号，并可以将得到的连续记录转换成其他方式，如原始数据的微分、积分、对数或者其他函数等，用于实验的多方面热分析。在上述方法中尤以指零型天平中的电化学法适应性更强。发生重量变化时，天平梁发生偏转，梁中心的纽带同时被拉紧，光电检测元件的偏转输出变大，导致吸引线圈中的电流改变。在天平一端悬挂着一根位于吸引线圈中的磁棒，能通过自动调节线圈电流使天平梁保持平衡态，吸引线圈中的电流变化与样品的重量变化成正比，由计算机自动采集数据得到TG 曲线。燃烧失重速率曲线 DTG 可以通过对 TG 曲线的数学分析得到。

三、实验试剂与仪器

（一）实验试剂

PP、PE。

（二）实验仪器

SDT Q600 热重分析仪、电子天平、高纯氮气。

四、实验步骤

（一）开机

依次开启热重分析仪主机和计算机电源。启动测试软件，开启保护气，打开气体钢瓶阀门。开机预热 2 ～ 3 h 后方可测试。

（二）样品测试

设置相关参数、升温速率，测试温度范围。对天平进行清零，放置样品，随后开始测试。测试结束。用分析软件打开测试谱图，标注相关数据。

（三）关机

待炉体冷却至室温后，关闭钢瓶开关，待减压阀压力显示为零后，将输出调节旋钮调至零位，再关闭软件中的气体控制开关。最后关闭主机及计算机。确保关机后所有阀门关闭。

五、数据处理

标出峰值温度，打印测试曲线，并进行分析。

六、注意事项

① 固体样品要求颗粒均匀，样品尽量磨成小颗粒。
② 保持样品坩埚的清洁，应使用镊子夹取，避免用手触摸。
③ 同步综合热分析仪样品用量为 5 ～ 10 mg，不宜过多，以免导致峰形扩大和分辨率下降；DSC 分析仪所用样品质量一般为 3 ～ 5 mg，可根据样品性质适当调整加样量。把样品压制得尽量延展平整，以保证压制样品时坩埚底的平整。压制一个空白坩埚作为参比样品。压完后检查坩埚是否封好，且要保证坩埚底部清洁无污染。

七、分析与思考

① 热重分析中升温速率过快或过缓对实验有什么影响？
② 总结影响实验结果的主要因素有哪些。

实验十九　凝胶渗透色谱法测定聚合物的分子量

一、实验目的和要求

① 了解凝胶渗透色谱的原理。

② 了解凝胶渗透色谱仪器的构造和凝胶渗透色谱的实验技术。

③ 测定聚乙二醇单甲醚、聚乙二醇单甲醚胺和聚苯乙烯等样品的分子量及分布。

二、实验原理

聚合物分子量具有多分散性，即聚合物的分子量存在分布。不同的聚合方法、聚合工艺会使聚合物具有不同的分子量和分子量分布。分子量与聚合物的性能有十分密切的关系，而分子量分布的影响也不可忽视。当今高分子材料已向高性能化发展，类似分子量分布等高一层次的高分子结构的问题，越来越受到人们的重视。自高分子材料问世以来，人们不断探索分子量分布的测定方法，直到 20 世纪 60 年代凝胶渗透色谱诞生，成为迄今为止最为有效的分子量分布的测定方法。多年来，凝胶渗透色谱技术得到了很大的发展，表现在：色谱柱体积减小而分离效率提高；检测器精度提高；在线分子量检测技术得到应用，并随着计算机的发展，数据处理快速、精确，信息量增加。

凝胶渗透色谱（gel permeation chromatography，GPC）也称为体积排除色谱（size exclusion chromatography，SEC），是一种液体（液相）色谱。和各种类型的色谱一样，GPC/SEC 的作用也是分离，其分离对象是同一聚合物中不同分子量的高分子组分。当样品中不同分子量的高分子组分的分子量和含量被确定，也就找到了聚合物的分子量分布，然后可以很方便地对分子量进行统计，得到各种平均值。

一般认为，GPC/SEC 根据溶质体积的大小，通过色谱中体积排除效应即渗透能力的差异进行分离。高分子在溶液中的体积决定于分子量、高分子链的柔顺性、支化、溶剂和温度，当高分子链的结构、溶剂和温度确定后，高分子的体积主要受分子量影响。

凝胶渗透色谱的固定相是多孔性微球，可由交联度很高的聚苯乙烯、聚丙烯酸酰胺、葡萄糖和琼脂糖的凝胶以及多孔硅胶、多孔玻璃等制备。色谱的淋洗液是聚合物的溶剂。当聚合物溶液进入色谱后，溶质高分子向固定相的微孔中渗透。由于微孔尺寸与高分子的体积相当，高分子的渗透概率取决于高分子的体积，体积越小渗透概率越大，随着淋洗液流动，它在色谱中走过的路程就越长，用色谱术语来讲就是淋洗体积或保留体积增大。反之，高分子体积增大，淋洗体积减小，因而达到依高分子体积进行分离的目的。基于这种分离机理，GPC/SEC 的淋洗体积是有极限的。当高分子体积增大到已完全不能向微孔渗透，淋洗体积趋于最小值，为固定相微球在色谱中的粒间体积。反之，当高分子体积减小到对微孔的渗透概率达到最大时，淋洗体积趋于最大值，为固定相的总体积与粒间体积之和。因此，只有高分子的体积居于两者之间，色谱才会有良好的分离作用。对一般色谱分辨率和分离效率的评定指标，在凝胶渗透色谱中也沿用。

色谱需要检测淋出液中组分的含量，因聚合物的特点，GPC/SEC 最常用的是示差折光指数检测器。其原理是，溶液中溶剂（淋洗液）和聚合物的折光指数具有加和性，而溶液折光指数随聚合物浓度的变化量在 $\partial n/\partial c$ 值一般为常数，因此可以用溶液和纯溶剂折光指数之差（示差折光指数）Δn 作为聚合物浓度的响应值。对于带有紫外线吸收基团（如苯环）的聚合物，也可以用紫外吸收检测器，根据比尔定律，吸光度与浓度成正比，因此用吸光度作为浓度的响应值。

图 3-15 是 GPC/SEC 的构造示意图，淋洗液通过输液泵成为流速恒定的流动相，进入紧密装填多孔性微球的色谱柱，中间经过一个可将溶液样品送往体系的进样装置。聚合物样品进样后，淋洗液带动溶液样品进入色谱柱并开始分离，随着淋洗液的不断洗提，被分离的高分子组分陆续从色谱柱中淋出。浓度检测器不断检测淋洗液中高分子组分的浓度响应值，数据被记录，最后得到一张完整的 GPC/SEC 淋洗曲线。

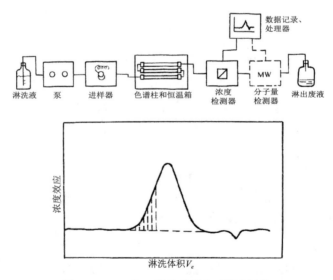

图 3-15　GPC/SEC 淋洗曲线和 "切割法"

淋洗曲线表示 GPC/SEC 对聚合物样品依高分子体积进行分离的结果，并不是分子量分布曲线。实验证明淋洗体积和聚合物分子量有如下关系：

$$\ln M = A - BV_e \quad \text{或} \quad \log M = A' - B'V_e \tag{3-58}$$

式中：M 为高分子组分的分子量。

A、B（或 A'、B'）与高分子链结构、支化以及溶剂温度等影响高分子在溶液中的体积的因素有关，也与色谱的固定相、体积和操作条件等仪器因素有关，因此式（3-58）被称为 GPC/SEC 的标定（校正）关系。式（3-58）的适用性还限制在色谱固定相渗透极限以内，也就是说，分子量过高或太低都会使标定关系偏离线性。一般需要用一组已知分子量的窄分布的聚合物标准样品（标样）对仪器进行标定，得到在指定实验条件下适用于结构和标样相同的聚合物的标定关系。

GPC 的数据处理一般采用切割法。切割法在谱图确定基线后，将基线和淋洗曲线所包围的面积以横坐标进行等距离切割，分割成一组平行于纵坐标的宽度相等的长条，相当于把样品分成一系列级分，且每个级分的溶液体积相等。对于第 i 个长条的保留体积为 V_i，由校正曲线确定其相对分子质量 M_i，而级分的浓度对应检测器在 V_i 处的响应即长条的高度 H_i，则每个切割条的归一化高度（高度分数）即为各级分的含量。又因 H_i 正比于级分 i 的质量 W_i，因此相对分子质量为 M_i 的第 i 级分的质量分数可表示为：

$$W_i(M_i) = \frac{H_i}{\sum\limits_i H_i} \tag{3-59}$$

以所有切割条的归一化高度和相应的相对分子质量列表或作图，可以得到完整的聚合物样品的相对分子质量分布结果。计算中，运用了"每一分割条内的聚合物的相对分子质量是均一的"的假定，故所取间隔越小，计算中取的点越多，假定与实际的偏差就越小。换言之，切割条数的增多有利于计算结果精度的提高，但一般切割条数在 20 条以上即可，此时对相对分子质量分布描述的误差已小于 GPC 方法本身的误差。

根据各种平均相对分子质量的定义，由以下各式可计算出各种平均相对分子质量和多分散系数（polydispersity index，PDI）。

$$\bar{M}_w = \sum_i W_i M_i = \sum_i \left(M_i \frac{H_i}{\sum\limits_i H_i} \right) = \frac{\sum\limits_i H_i M_i}{\sum\limits_i H_i} \tag{3-60}$$

$$\bar{M}_n = \left(\sum_i \frac{W_i}{M_i} \right)^{-1} = \left[\sum_i \left(\frac{1}{M_i} \frac{H_i}{\sum\limits_i H_i} \right) \right]^{-1} = \frac{\sum\limits_i H_i}{\sum\limits_i \frac{H_i}{M_i}} \tag{3-61}$$

$$\bar{M}_n = \left(\sum_i M_i^\alpha \frac{H_i}{\sum\limits_i H_i} \right)^{1/\alpha} \tag{3-62}$$

$$PDI = \frac{\bar{M}_w}{\bar{M}_n} \tag{3-63}$$

实际上，GPC/SEC 的标定是困难的，因为聚合物标样不易得到。商品标样品种不多且价格昂贵，一般只用聚苯乙烯标样，但聚苯乙烯的标定关系并不适合其他聚合物。研究者从分离机理和高分子体积与分子量的关系中，发现了 GPC/SEC 的普适校正关系。

$$\ln M[\eta]=A_u-B_u V_e \text{ 或 } \log M[\eta]=A_u'-B_u' V_e \tag{3-64}$$

式中：$[\eta]$ 为高分子组分的特性黏数；A_u、B_u（或 A_u'、B_u'）为常数。与式（3-58）不同，这两个常数不再和高分子链结构、支化有关，式（3-61）中为仅与仪器、实验条件有关而对大部分聚合物普适的校正关系。$[\eta]$ 可用 Mark-Houwink 方程代入，通过手册查找常数 K、α。但是，不少聚合物在 GPC/SEC 常用溶剂和实验温度下的 K、α 值并没有报道，即使能够查到，其准确性也很难判断，因此普适校正关系的利用受到很大的限制。

GPC/SEC 的分子量在线检测技术，从根本上解决了分子量标定问题。目前技术比较成熟的是光散射和特性黏数检测，前者检测淋洗液的瑞利比，直接得到高分子组分的分子量；后者则检测淋洗液的特性黏数，利用普适校正关系确定组分的分子量。此外，利用分子量响应检测器还能得到有关高分子结构的其他信息，使凝胶渗透色谱的作用进一步加强。

三、实验试剂与仪器

（一）实验试剂

被测样品：聚乙二醇单甲醚。

淋洗液（溶剂）：$N, N-$ 二甲基甲酰胺（DMF）（分析纯），重蒸后用 0.45 μm 孔径的微孔滤膜过滤。

标准样品：分子量窄分布的聚苯乙烯。

（二）实验仪器

组合式 GPC/SEC 仪（大连依利特分析仪器有限公司）、分析天平。
器皿：配样瓶、注射针筒。

四、实验步骤

（一）开机

① 开机，打开所有电源，检查仪器运转情况。

② 操作 P230 高压恒流泵。首先打开放空阀，按"冲洗键"，大流速（仪器自动设定的流速，无须设置）冲洗检测器中样品池和参比池中以及进样管线中的气泡，必须冲洗干净，以保证绝对没有气泡，进而保证基线平稳。

注意：当每次换或添加新的 DMF 流动相时，都要运行此步骤，以保证换或添加 DMF 过程中管线中进入的气泡被高速冲洗掉。在确保没有气泡的情况下，关闭放空阀，按"运行 / 停止键"。

③ 在确保示差检测器和进样管中无气泡的情况下，开始梯度冲洗柱子，调节流速为 0.1 ～ 1 mg/mL，从最小值逐渐调到 1，逐级调节，整个过程持续 20 min 即可，在此过程中要打开 Shodex 检测器上"Purge 键"，其显示为亮黄色。此过程主要是为了冲洗参比池和样品池，使它们保持完全一致，即在操作系统上显示基线平稳，不能变化太大；在此过程中可经常按 "Zero 键"以使基线都在"0"附近，如果基线不平稳，则要反复单开关闭"Purge 键"，直到基线平稳。待基线平稳后，可进行进样操作。

（二）进样

在主界面下新建一个窗口，点击左下角的开始按钮，开始运行，同时，用注射器吸取 60 ～ 80 mL 的样品（必须保证无气泡），在 insect 模式下插入进样器，接着转到 load 模式下，关闭"Purge 键"，按"Zero 键"清零，匀速注射样品，最后旋钮旋转到 insect 模式下，测试自动开始。

（三）数据处理

打开桌面 GPC 操作系统，进入操作界面，点击"文件"正面的记事本图标"新键"，弹出深蓝色界面；接着点击左下角第一个类似 U 盘的键，深蓝桌面正中间会出现一个试剂瓶一样的按钮，此时，只要进行进样操作步骤，实验则自动开始；如果只是冲洗柱子，需要单击键盘的"S"，桌面上会显示一条绿色的正在走的基线，此基线纵坐标可能很大，所以需要设置坐标，此时需要单击左下角那一排第 5 个图标"预先设置谱图显示"来调节坐标轴数据。

实验结束后，单击保存，首选保存 GPC 格式的数据，也可另存为 TXT 格式。TXT 格式下的数据复制到 Excel 中是合并的数据，即 x 轴和 y 轴没有分开；此时可以设置：单击数据 — 分裂 — 空格，即可把 x 轴和 y 轴数据分开。

（四）结束与关机

① 必须反复洗涤进样口，insect 下洗涤 2 ～ 3 次，load 下洗涤 2 ～ 3 次。
② 必须把进样器洗涤干净。

③ 关机时也要梯度降低，调节流速为 1 ～ 0.1 mg/mL，从 1 逐渐调到 0.1，逐级调节，等显示压力为 0 时关闭仪器，整个过程持续 20 min 即可。

五、数据处理

计算未知样品的各类分子量以及分子量分布。

六、注意事项

开机梯度冲洗柱子过程中要使流速下降也要逐级降低流速，如果长时间冲洗柱子，必须保证不能中途断电，也要保证有充足的流动相来冲洗柱子，切忌在冲洗过程中流动相不足，因此过夜冲洗柱子建议采用 0.1 mL/min 的流速。

七、分析与思考

① 简述凝胶渗透色谱的原理，以及影响实验结果的因素。
② 为什么在凝胶渗透色谱实验中，样品溶液的浓度没必要准确配制？

实验二十　荧光光谱实验

一、实验目的

① 掌握荧光分光光度法（荧光光谱仪）的基本原理，并了解其结构和操作方法。
② 掌握激发光谱、发射光谱的测定方法；学会运用荧光光谱对物质进行定量分析的方法。

二、实验原理

1852 年英国物理学家斯托克斯（Stokes）利用三棱镜分解的太阳光谱，观察到奎宁溶液在紫外光的辐照下有蓝色的发光，并首次将这一现象称为荧光（fluorescence）。他从大量的实验中总结出发射光的波长总是大于激发光的波长这一规律，后世称之为斯托克斯定律。在现代科学研究中，荧光光谱测量可以获取材料的许多物理参数，如激发光谱、发射光谱、荧光寿命、荧光强度、量子产率、荧光偏振等，是物理、化学、材料科学等研究领域的一种重要研究手段。荧光分析法具有很高的灵敏度，可以对众多有机化合物和无机元素进行精确的定量分析，已被广泛应用于分子生物学、医学、食品检测和环境监测等多个领域。特别是荧光定量聚合酶链式反应（PCR）检测技术具有灵敏度高、特异性高和精确性高的优点，在病毒（如新型冠状病毒）检测方面发挥了非常重要的作用。

（一）荧光机理

荧光分光光度法（fluorescence spectrophotometry，FS）又叫作荧光分析法，具有灵敏度高、选择性强、所需样品量少等特点，已成为一种重要的痕量分析技术。某些物质吸收了较短波长的光（通常是紫外光和可见光），其外层电子从基态跃迁至激发态，然后经辐射跃迁的方式返回基态，在很短的时间内发射出比照射光波长更长的光，此即光致发光。光致发光现象分为荧光、磷光两种，分别对应单重激发态、三重激发态的辐射跃迁过程。

分子的能级激发态称为分子荧光，平时所说的荧光就是指分子荧光。其产生示意图如图 3-16 所示，过程如下。

① 光吸收：荧光物质从基态跃迁到激发态，此时荧光分子处于激发态。

② 内转换：处于电子激发态的分子由于内部作用，以无辐射跃迁到低的能级。

③ 外转化：处于电子激发态的分子由于和溶剂以及其他分子的作用过渡到低的能级。

④ 荧光发射：如果不以内转换的方式回到基态，处于第一电子激发态最低振动能级的分子将以辐射的方式回到基态，平均寿命约为 10 ns。

⑤ 系转换：不同多重态、有重叠的转动能级间的非辐射跃迁。

⑥ 振动迟豫：高振动能级至低相邻振动能级间的跃迁。

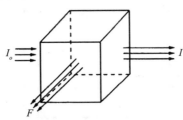

图 3-16　荧光光谱产生示意图

任何荧光物质都有两个特征光谱（图 3-17、图 3-18），即激发光谱（excitation spectrum）和发射光谱（emission spectrum）[或称荧光光谱（fluorescence spectrum）]。激发光谱表示不同激发波长的辐射引起物质发射某一波长荧光的相对效率。绘制激发光谱时，将发射单色器固定在某一波长，通过激发单色器扫描，以不同波长的入射光激发荧光物质，记录荧光强度与激发波长的关系曲线，即为激发光谱，其形状与吸收光谱极为相似。发射光谱（荧光光谱）表示在所发射的荧光中各种波长的相对强度。绘制荧光光谱时，使激发光的波长和强度保持不变，通过发射单色器扫描以检测各种波长下相应的荧光强度，记录荧光强度与发射波长的关系曲线，即为荧光光谱。激发光谱和荧光光谱可用于鉴别荧光物质，而且是选择测定波长的依据。

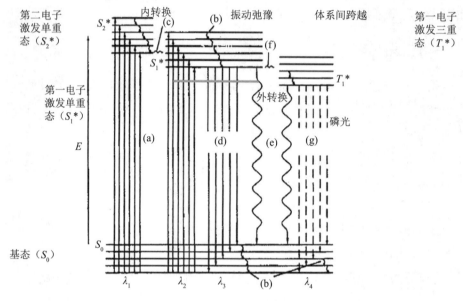

图 3-17　荧光光谱机理

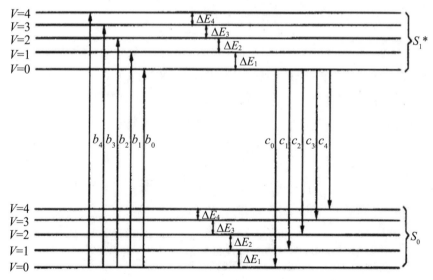

激发光谱：S_0（$V=0$）$\rightarrow$ S_1^*（$V=1$，2，3，4）　　荧光光谱：S_1^*（$V=0$）$\rightarrow$ S_0（$V=1$，2，3，4）

图 3-18　激发光谱和荧光光谱机理

　　各种物质均有其特征的最大激发波长和最大发射波长（图 3-19），因此，根据最大激发波长和最大发射波长可以对某种物质进行定性测定。物质分子能发射荧光的两个必要条件，一是有强的紫外 — 可见吸收；二是有一定的荧光效率。

$n \to \pi^*$ 弱吸收，体系间跨越概率大，荧光较弱，意义不大。

$p \to \pi^*$ 共轭双键，强吸收，荧光效率高，荧光强度强。

		$\lambda_{Ex}(nm)$	$\lambda_{Ex}(nm)$	φ_f
苯		205	278	0.11
萘		286	321	0.29
蒽		365	400	0.46
四苯		390	480	0.60

图 3-19　芳香族化合物的最大激发波长和最大发射波长

荧光强度（F）是表征荧光发射的相对强弱的物理量。对于某一荧光物质的稀溶液，在一定波长和一定强度的入射光照射下，当液层的厚度不变时，所发生的荧光强度和该溶液的浓度成正比，即 $F=Kc$。

该式即荧光分光光度法定量分析的依据，使用时要注意该关系式只适用于稀溶液。总之，荧光光谱为定性分析；荧光强度为定量分析。

（二）荧光应用

以尼罗红荧光染料（探针）测定聚合物胶束的临界胶束浓度（CMC）为例说明荧光光谱的定量分析（图 3-20）。对两亲聚合物而言，当其浓度很低的时候，在水溶液中呈现分子的线性状态，当其在水中达到一定的临界浓度（CMC）时，两亲聚合物会在水溶液中自组装（聚集）为纳米聚集体，如胶束、胶囊、囊泡等，形成疏水性核层和亲水的壳层。经过研究发现，利用疏水荧光染料的迁移可以测定聚合物自组装的临界胶束浓度。尼罗红是一种疏水荧光物质，在水中不发荧光，但当该染料进入疏水环境中时，其能够在波长为 540（570）nm 光的激发下发射波长为 620（650）nm 的荧光。因此可以利用尼罗红这一性质对两亲聚合物胶束的临界胶束浓度进行测定。

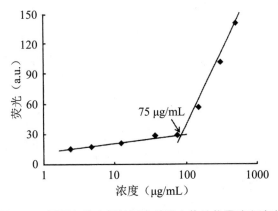

图 3-20　尼罗红荧光探针测定某聚合物的临界胶束浓度

三、实验试剂与仪器

（一）实验试剂

尼罗红、去离子水、二氯甲烷。

（二）实验仪器

F-7000 荧光光谱仪、分析天平、移液枪。

四、实验步骤

（一）F-7000 荧光光谱仪操作

按照操作说明进行开机 / 仪器自检及软件操作。

（二）罗丹明激发光谱与发射光谱的测量

① 配置 0.01 mg/mL 的罗丹明水溶液，测定其激发光谱与发射光谱，确定其最大激发波长（λ_{Ex}, max）、最大发射波长（λ_{Em}, max）及其荧光强度。

② 配置浓度为 0.001 mg/mL、0.002 mg/mL、0.004 mg/mL、0.006 mg/mL、0.008 mg/mL 的罗丹明水溶液，测定其在最大激发波长（λ_{Ex}, max）、最大发射波长（λ_{Em}, max）下的荧光强度。

③ 测定未知浓度的罗丹明水溶液在其最大激发波长（λ_{Ex}, max）、最大发射波长（λ_{Em}, max）下的荧光强度。

五、数据处理

根据荧光定量分析计算待测未知浓度的罗丹明水溶液的浓度。

六、注意事项

仪器在激发时尽量不要用手碰火花台和样品，如样品放置有问题，应先将激发停止再进行调整。

七、分析与思考

① 简述能够发射荧光的物质分子应同时具备哪些条件。

② 简述为什么荧光分析法是最佳适用于稀溶液的方法。

③ 试分析紫外光谱和荧光光谱的异同。

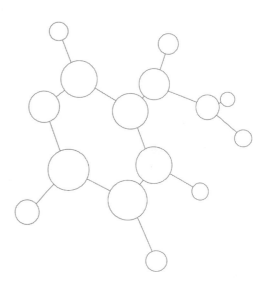

第四章
高分子应用综合实验

实验一　塑料的压制成型

一、实验目的

① 熟悉平板硫化机的使用方法。

② 熟悉平板硫化机的应用。

③ 了解压制成型参数及其对产品的影响。

二、实验原理

压制成型具有设备简单、易行的优点，它是热固性塑料典型的成型方法。热固性塑料的模压成型是将粉状、粒状或纤维状塑料放入成型温度下的压模型腔中，然后闭模加压，使塑料在热和力的作用下由固体变为半液体，在这种状态下充满模腔并取得一定的形状。经过一定的时间后，随着交联时间的延长，塑料完成化学反应而固化成型，脱模即得所需制品。压制成型还可以成型热塑性塑料制品，特别适用于熔融黏度极高、流动性极差的塑料，比如聚四氟乙烯。本实验采用 XLB-D 平板硫化机，适用于各种橡胶制品的硫化，也被广泛应用于固体塑料、泡沫、建筑装潢材料、装饰制品的压制成型。

温度、压力和在压力下的持续时间是热固性塑料模压过程中的重要工艺参数。它们之间既有各自的作用又能相互制约，实验时应结合制品性能要求注意协调和严格控制。

各工艺参数的基本作用和相互关系如下。

（一）模压温度

在其他工艺条件一定的情况下，热固性塑料模压过程中，温度不仅影响其流动状态且决定成型过程中交联反应的速度。高温有利于缩短模压周期、改善制品力学性能。但温度过高，熔体流动性会迅速降低以致充模不满，或表面层过早固化而影响水分、挥发物的排除。这不仅会降低制品的表现，在启模时还可能出现制品膨胀、开裂等不良现象。

反之，模压温度过低，固化时间延长，交联反应不完善也会影响制品质量，会出现制品表面灰暗、粘模和机械强度下降等问题。

（二）模压压力

模压压力的选择取决于塑料类型、制品结构、模压温度及物料是否预热等诸因素。一般来说，增大模压压力可增加塑料熔体的流动性，降低制品的成型收缩率，使制品更密实；模压压力过小会升高制品带气孔的概率。不过，在模压的温度一定时，仅增大模压压力并不能保证制品内部不存在气泡，而且压力过高会增加设备的功率消耗，缩短模具的使用寿命。

（三）模压时间

模压时间指压模完全闭合至启模这段时间，其长短也与塑料的类型、制品形状及厚度、模压工艺及操作过程有密切的关系。通常模压时间随制品厚度增大而相应增长，适当增加模压时间可降低制品的变形和收缩率。采用预热、压片、排气等操作措施及提高模压温度都可缩短模压时间，从而提高生产效率。但是，若模压时间过短，树脂固化可能未完成，启模后制品易翘曲、变形或表面无光泽，甚至影响其力学性能。

除此之外，塑料粉的工艺特征、模具结构和表面光洁度等都是影响制品质量的重要因素。实验时应满足具体要求，方能使生产效率和制品质量达到最佳。

本实验采用热塑性树脂为原料压制塑料制品，掌握平板硫化机的使用方法。表 4-1 是代表性的塑料特性和加工条件。

表 4-1　代表性的塑料名称、性能、成型温度和热性能

塑料简称	名称	性能	成型温度 /℃	玻璃化温度或熔点 /℃
ABS	聚（丙烯腈 - 丁二烯 - 苯乙烯）	综合性能较好，冲击强度较高	160～240	无定形：88～120
POM	聚甲醛	综合性能较好，强度、刚度高；工程塑料	170～200	结晶：165～175

塑料简称	名称	性能	成型温度/℃	玻璃化温度或熔点/℃
PP	聚丙烯	密度小，强度、刚度、硬度、耐热性均优于低压聚乙烯	160～220	结晶：160～175无定形：-20
EVA	乙烯-醋酸乙烯共聚物	醋酸乙烯（VA）含量升高，熔点降低，有弹性	160～200	结晶：VA为8%：95～100；VA为19%：85～90；VA为28%：75～80；VA为33%：60～65
HDPE	高密度聚乙烯	分子链上没有支链，因此分子链排布规整，具有较高的密度	165～160	结晶：130～137
LDPE	低密度聚乙烯	呈乳白色、表面无光泽的蜡状颗粒，具有良好的柔软性、延伸性	140～260	结晶：98～115无定形：-25
PS	聚苯乙烯	无色透明，透光率仅次于有机玻璃	170～250	无定形：74～105
HIPS	高抗冲聚苯乙烯	将少量聚丁二烯接枝到聚苯乙烯基体上。具有"海岛结构"，基体是塑料，分散相是橡胶	180～250	无定形：93～105
PVC	聚氯乙烯	通用型PVC是由氯乙烯单体在引发剂的作用下聚合形成的；高聚合度PVC是指在氯乙烯单体聚合体系中加入链增长剂聚合而成的树脂	160～190	无定形：80～212
PC	聚碳酸酯	双酚A和碳酸二苯酯通过酯交换和缩聚反应合成，具有优良的光学和力学性能	250～310	无定形：150
PET	聚对苯二甲酸乙二醇酯	由对苯二甲酸二甲酯与乙二醇酯交换熔融缩聚制备	270～290	结晶：212～265无定形：68～80
PBT	聚对苯二甲酸丁二醇酯	由苯二甲酸和1，4-丁二醇缩聚制成的聚酯	250～270	结晶：220～267
PMMA	聚甲基丙烯酸甲酯	无色透明，透光率达90%～92%；有机玻璃	160～200	无定形：105
POE	聚烯烃弹性体	丁烯（长侧链）加入降低结晶形成无定形区，热塑性弹性体	180～260	120～160

三、实验试剂与仪器

（一）实验试剂

ABS、聚四氟乙烯膜/聚酰亚胺薄膜/脱模剂。

（二）实验仪器

平板硫化机（45 t）一台（型号：XLB-D25，扬州市天发试验机械有限公司）、模具全套、刮刀、剪刀、电子天平、万能试验机。

四、实验步骤

（一）准备工作

预热平板硫化机，设置上热板和下热板温度分别为 220 ℃ 和 220 ℃。

取一块硫化板，将聚四氟乙烯膜（聚酰亚胺薄膜）铺在板上，然后放上压制模具。将塑炼物趁热放入压制模具中（这里直接将低密度聚乙烯颗粒放入模具中），聚合物上铺一层聚四氟乙烯膜（聚酰亚胺薄膜），然后盖上另一块硫化板，放入平板硫化机，压制后得到样品片。

（二）压制步骤

① 将压制模推入下模板上。

② 启动油泵电动机，向内推动控制手柄，使下模板上升，轻轻与上模板接触。

③ 旋转加热开关，使模板加热模具，设定加工温度。

④ 温度达到后向外拉动控制手柄，使下模板下降，戴好防热手套，把已加热的模具覆盖聚四氟乙烯脱模薄膜，然后将上模板盖上，送入模板内加压（$P=10$ MPa），数十秒后卸压放气，再升压，保持表压 10 MPa。设定报警时间 10 min（时间装置的时间单位是 s）。

⑤ 约 5 min 后，待模具成型处出现溢料，说明全部熔化；排气；继续加热 5 min 左右。

⑥ 将模具从热板取出，放入冷却板之间，加压。通冷却水，约 5 min 后用手触摸模具出水口不烫手说明物料冷却完毕，开模取出样品片。对于硫化的样品无须冷却，可趁热取出硫化制品。

（三）拉伸测试

采用万能试验机测定 ABS 加工样品的应力 — 应变曲线。

五、注意事项

① 安放密炼机的密炼室和压制模时一定要戴隔热手套，以免烫伤。

② 对压制模通冷却水时，人一定要避开出水口，以免胶管破裂被蒸汽烫伤。

③ 切割样品片时，一定要用夹具压紧，不要直接用手，避免锯片刀割伤手指。

④ 实验开始时，首先加热加热板。

六、数据处理

请用 Origin 软件绘制低 ABS 加工样品的应力 — 应变曲线，3 个平行测试样品的曲线放到一个图中。

请用 Origin 软件绘制低 ABS 加工样品的应力和应变误差棒柱状图。

七、分析与思考

① 热固性塑料与热塑性塑料的压制成型有何不同？

② 如果加工后冷却速度加快，对 ABS 的力学性能有何影响？

实验二　塑料挤出造粒工艺

一、实验目的

① 熟悉挤出机各部分组成及挤出的主要参数。

② 掌握挤出造粒工艺条件及其控制。

③ 学会挤出加工的操作。

二、实验原理

挤出成型是热塑性塑料加工的重要方法之一。挤出过程是将塑料在旋转的螺杆和机筒之间输送、压缩、熔融塑化，定量地通过机头加工成型。当挤出机配以不同的辅机时，可以生产管材、棒材、片材、薄膜、单丝及各种形式的异形材料，以满足工农业生产和人们日常生活的需要。

挤出造粒也是利用挤出机进行加工的，所得的颗粒是塑料加工的半成品，粒料的塑化程度及均匀性对制品的质量影响很大。挤出造粒是将粉状物料经挤出机加工成颗粒，通常在粉状物料中加入各种助剂以改善物料的加工性能和制品性能。粉料经过塑化造粒后，制品的外观及内在质量均能得到保证，并且产量也高。挤出造粒也适用于聚合物与聚合物之间的改性，即将不同配比的颗粒经挤出机造粒后，得到聚合物合金。有的塑料需要染色，也是通过挤出造粒进行的，从而得到各种颜色的颗粒料。由于热塑性塑料可反复加工使用，可以把塑料加工中的边角料以及回收的塑料经挤出造粒后重新加以利用。

使用挤出机进行塑化造粒，通常有两种方法，即热切粒法和冷切粒法。

①热切粒法是采用特殊形状的旋转刀，切断由各孔板中挤出的塑料条。由于物料温度较高，没有太大阻力，这种切粒所需功率和切刀磨损都较小，并且结构紧凑，所占位置很小，软、硬聚氯乙烯造粒均采用此种方法造粒。

②冷切粒法通常将挤出机设计为多孔板，挤出圆条经冷却后切粒。对圆条的冷却方法，通常是将圆条放入冷却水中，因而粒子不易干燥，必要时要用热空气来干燥。采用这种方法切出的粒子不会粘在一起，不会成团，特别适用于那些熔体黏度低、用热切粒法容易使粒子黏结在一起的塑料。

在挤出造粒过程中，塑料经加热塑化、定量挤出、冷却切粒等几个阶段。各种工艺参数，如料筒温度、螺杆转数、机头设计、冷却条件，对造粒的粒料质量都有很大的影响。通过实验，掌握它们之间的关系及其影响。

三、实验试剂与仪器

（一）实验试剂

低密度聚乙烯 60 g、碳酸钙 15 g。

（二）实验仪器

双螺杆塑料挤出机（图 4-1）、冷却水槽、电热鼓风干燥箱、切粒机。

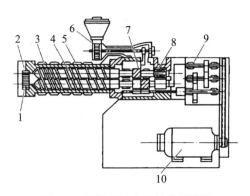

图 4-1　双螺杆挤出机结构示意图

1—连接器　2—过滤器　3—斜筒　4—螺杆　5—加热器　6—加料器　7—支座　8—上推轴承
9—减速器　10—电动机

四、实验步骤

（一）洗料

加入一定量的 LDPE 挤出，清洗双螺杆挤出机至挤出物颜色为浅白色。

（二）混合物料

称取填料与树脂，按配比混合。

（三）挤出造粒

将混合物依次放入双螺杆挤出机中造粒，得到圆柱状颗粒料。步骤如下。
① 设定机筒和机头温度，预热 1 h。温度设置为 160 ℃。
② 启动螺杆旋转。
③ 加入混合料。
④ 启动喂料电动机。
⑤ 将机头中挤出的条状物经冷却水槽引入切粒机，在出口处得到颗粒料。

五、数据处理

① 挤出机各段温度（共 5 段）。
② 挤出机螺杆转数（Hz 数）。
③ 挤出造粒工艺路线（请拍摄实验过程图）。
④ 调节切割机转速，分别切细料和粗料并拍照。

六、注意事项

① 投料过程中保证低密度聚乙烯和碳酸钙同步投料。
② 温度达到设定温度以后再启动动力系统。

七、分析与思考

① 挤出造粒时应考虑哪些工艺条件？
② 双螺杆挤出机在工业上的主要应用有哪些？

实验三　环氧树脂的预交联、固化和玻璃化温度调控

一、实验目的

① 掌握环氧树脂固化机理和固化条件。
② 掌握环氧树脂制备的方法和步骤。
③ 了解环氧树脂交联密度测定的原理。

二、实验原理

环氧树脂是一种高分子聚合物，是指分子中含有两个以上环氧基团的一类聚合物的总称。它是环氧氯丙烷与双酚 A 或多元醇的缩聚产物。由于环氧基的化学活性，可用多种含有活泼氢的化合物（羧基、氨基、巯基、酚羟基）使其开环，通过逐步聚合机理，固化交联生成网状结构。环氧树脂常见固化剂有脂肪胺固化剂（活性高，可室温固化，固化后玻璃化温度低，较软）、芳香族多元胺（活性低，需要加热，固化后玻璃化温度高，较脆）、改性多元胺、多元硫醇和酸酐类固化剂。其中，胺类和酸酐是常用的固化剂和交联剂。伯胺类（—NH₂）固化剂中每个氨基具有两个活泼氢，都可以和环氧基进行反应，常用环氧值表示环氧树脂分子量的大小。所谓环氧值是指 100 g 树脂中含有的环氧基物质的量（mol）。环氧值越高，环氧树脂分子量越低，固化后交联密度越大，材料越硬。胺类固化剂固化环氧树脂的反应机理如图 4-2 所示。

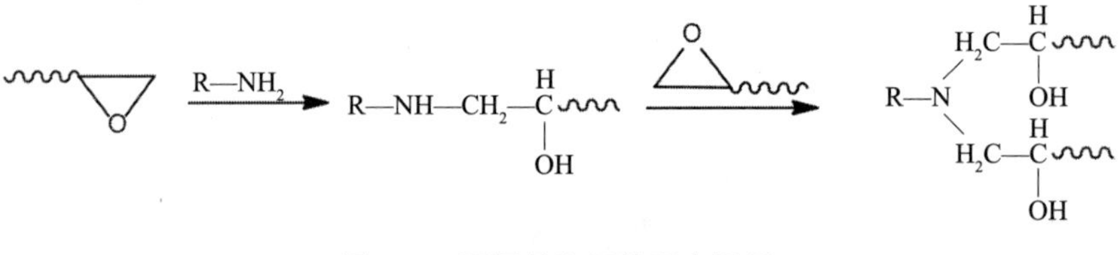

图 4-2　环氧基和氨基反应机理

环氧树脂命名一般用"E- 数字"的格式，如 E-20、E-44、E-51。E 是 Epoxy-value，其中数字代表平均环氧值，如 E-51 的平均环氧值为 0.51（51/100）。数字越大其越容易反应，交联密度更高，性能更好。从物理上来说，环氧值越大其单体的黏度越低，向液体发展，所以可以看到 E-15 是固体，E-20 也是固体，E-35 为胶体，E-44 是较黏稠液体，E-51 比 E-44 更稀。

本实验选择聚醚胺 D230（M_n=230）为固化剂，固化环氧树脂 E-44（M_n=

455）。固化反应机理如图 4-3 所示。

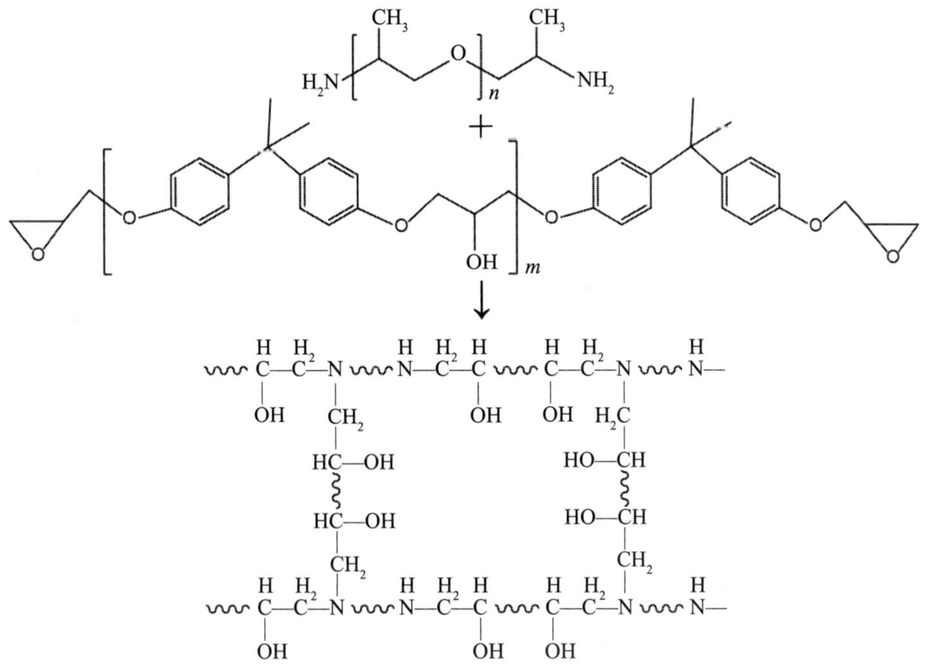

图 4-3　聚醚胺和环氧树脂的体型缩聚

聚醚胺和环氧树脂聚合到某一程度开始交联，黏度突增，气泡也难以上升，出现凝胶化现象，这时的反应程度称作凝胶点。出现凝胶后，交联网络中有许多溶胶，溶胶进一步交联成凝胶。热固性聚合物制品的生产过程多分成预聚物制备和成型固化两个阶段。预聚合时，反应程度不能超过凝胶点，如果在聚合釜内固化则聚合釜报废。成型过程则需要控制适当的固化速率。

材料交联密度越大，玻璃化温度越高，软化点温度越高。可以采用差示扫描量热法（DSC）测定材料的玻璃化转变温度：升温速率 10 ℃/min，升温范围 40 ～ 130 ℃。

三、实验试剂与仪器

（一）实验试剂

环氧树脂 E-44、聚醚胺 D230。

（二）实验仪器

差示扫描量仪、菌种瓶 / 小烧杯、铝盘 / 四氟乙烯盘、烘箱、镊子、铝坩埚。

四、实验步骤

首先称取一定质量的环氧树脂 E-44 和聚醚胺 D230 于菌种瓶（小烧杯）内，充分搅拌均匀后加热到85 ℃，搅拌反应至稍微变黏稠，大约 10 min。反应完成后，倒入铝盘或四氟乙烯盘内，然后放入 130 ℃ 烘箱加热 15 min，然后升温到 160 ℃ 保温 5 min。取出后放至室温，用 DSC 测定材料的玻璃化温度。

五、数据处理

① 完成表 4-2。

表 4-2　数据记录表

样本	E-44/g (M_n=455)	D230/g (M_n=230)	E-44 和 D230 摩尔比	平均官能度（f）	临界反应程度（P_c）	玻璃化温度 /℃
S-1	10	3.89				
S-2	10	3.37				
S-3	10	2.97				
S-4	10	2.53				

② 用 Origin 软件绘制本组样品的 DSC 曲线，并标注样品名称和玻璃化温度。
③ 根据表 4-2 分析环氧树脂 E-44 和聚醚胺 D230 摩尔比变化对材料交联密度的影响。

六、注意事项

① 由于黏度很大，环氧树脂须事先放到烘箱内加热，注意温度不要超过 80 ℃，这样更容易用滴管吸取。
② 注意观察预交联过程，液体略微变黏后再倒入铝盘。
③ 在测定 DSC 时注意样品的用量，一定盖紧铝盖。

七、分析与思考

① 如果称量环氧树脂 E-44 的质量为 10 g，那么需要多少聚醚胺才能完全固化

环氧树脂？请列式计算。

②凝胶化过程发生的必要和充分条件是什么？

实验四　形状记忆环氧树脂的制备和形状记忆性能

一、实验目的

① 掌握形状记忆材料的概念和原理。

② 掌握形状环氧树脂制备的方法和步骤。

③ 了解形状记忆材料的表征原理。

二、实验原理

形状记忆高分子（SMP）是指能够感知环境变化（如温度、光、电、磁、溶剂、pH 等）的刺激，并响应这种变化，对其力学参数（如形状、位置、应变等）进行调整，从而回复到其预先设定状态的聚合物。

形状记忆聚合物的形状记忆效应（SME）最为传统的基本形式如图 4-4 所示。SMP 首先被加热到一个变形温度或转变温度（T_d），聚合物处于橡胶态（高弹态），材料变软，模量降低。随后施加一个变形力（F），这时保持作用力 F，降温到固定温度（T_f）冷却聚合物，然后撤除作用力 F，那么变形后的暂时形状得以固定，标志着形状固定的完成。当处于暂时形状的形状记忆聚合物在无应力的自由条件下被重新加热到一个回复温度（T_r），就能回复到它的原始形状。通常情况下，T_d 和 T_r 高于形状记忆聚合物的可逆热转变温度（玻璃化温度 T_g 或熔点 T_m），被称为形状记忆转变温度 T_s。

高分子能够产生形状记忆效应的根源在于高分子物理的熵弹性原理。如果将高弹性的聚合物进行化学交联，形成交联网络，它受到外力后能够产生很大的变形，但不导致高分子链之间产生滑移，外力去除后形变会完全回复，这种大变形的可逆性称为高弹性。也就是说，在外力下，橡胶的分子链由原来的蜷曲状态变为伸展状态，熵值由大变小，终态是一种不稳定体系，外力去除后就会自发地回复到初态。理想高弹体拉伸时只引起熵变，这种理想高弹体的弹性称为"熵弹性"（高分子物理第八章：聚合物的高弹性和黏弹性）。

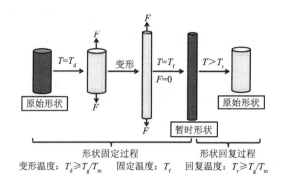

图 4-4　聚合物的形状记忆效应机理图

如果施加应力使聚合物在高弹态发生形变，高分子链段伸直或取向，其结果是熵值减小。当外力移去后，由于热运动分子链自发地趋向熵增大的状态，在施加的应力尚未达到平衡时，通过骤冷方法使高分子链结晶或达到玻璃态，可以将这种相对不稳定的体系暂时保存下来，这就是形变的固定，这时尚未完成的可逆形变必然以内应力的形式被冻结在大分子链中。当将变形的高分子材料再加热到玻璃化温度以上时，高分子链段运动会重新开始，链段的热运动最终使体系无序化，体系的混乱度增加，熵值增大，体系的自由能减小。分子链由伸展状态回复到蜷曲状态，宏观上表现为材料从变形状态自动地回复到初始状态，这就是形状记忆效应的熵弹性原理。

高分子的形状记忆效应可以采用角度法进行表征，如图 4-5 所示。在高弹态将材料折叠成 180°，形状固定后进行加热，通过测量回复后的角度变化计算形状固定率和形状回复率。回复过程的时间可以定量回复速率。

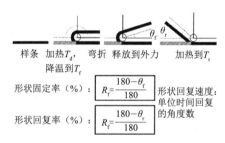

图 4-5　高分子形状记忆效应的表征

三、实验试剂与仪器

（一）实验试剂

环氧树脂 E-44、聚醚胺 D230。

（二）实验仪器

菌种瓶、小烧杯、铝盘、四氟乙烯盘、烘箱、镊子、一次性滴管、一次性手套、玻璃棒、一次性塑料杯。

四、实验步骤

① 首先称取 5 g 的环氧树脂和 2.5 g 聚醚胺于一次性塑料杯内，充分搅拌均匀后，保鲜膜密封，加热到 70 ℃，搅拌反应至 10 min，然后恒温几分钟使气泡完全消失。

② 倒入铝盘内，然后放入 120 ℃ 烘箱加热 30 min。

③ 去掉铝箔，裁剪，拍摄形状记忆效应过程。

五、数据处理

① 完成表 4-3。

表 4-3 实验数据记录表

样本	E-44/g (M_n=455)	D230/g (M_n=230)	形状记忆转变温度 /℃	固定率 /%	回复率 /%	回复时间 /s
S-1	10	3.89				
S-2	10	3.37				
S-3	10	2.97				
S-4	10	2.53				

② 请将制备的形状记忆环氧树脂（形状 A）在高弹态变形成某一个形状，保持外力，在空气或冷水中固定形状，去掉外力，用手机拍摄下固定的暂时形状 B。然后将其放入烘箱或热水，将其加热到高弹态，拍摄形状 C。

六、注意事项

① 由于黏度很大，环氧树脂须事先放到烘箱内加热，注意温度不要超过 80 ℃，这样容易用滴管吸取。

② 一定要准确称量物料的量，因为每组样品的比例差距不大，势必会影响实验结果。

七、分析与思考

① 根据表格中的数据试分析交联密度对形状固定率、回复率和回复时间的影响。

② 根据高分子物理玻璃化转变理论，试分析为什么交联密度越高形状回复速率越快。

实验五 光致发光复合树脂的制备和光致发光性能

一、实验目的

① 掌握荧光粉发光原理。

② 掌握高分子复合材料的制备方法。

③ 了解荧光粉的应用。

二、实验原理

（一）光致发光原理

光致储能夜光粉是荧光粉在受到自然光、日光灯光、紫外光等照射后，把光能储存起来，在停止光照射后，再缓慢地以荧光的方式释放出来，所以在夜间或者黑暗处，仍能看到发光，持续时间长达几小时至十几小时，光致发光原理如图 4-6 所示。

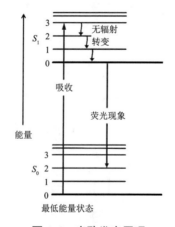

图 4-6 光致发光原理

物体受激发吸收能量而跃迁至激发态（非稳定态），在返回到基态的过程中，以光的形式放出能量。起初分子处于基态，就是 S_0 的 0，一个能量合适的光子打过来后，电子吸收了这个光子的能量，跳到第一电子激发态的第三振动激发态。当然，如果光子能量稍多或稍少，电子会跳到更高或者更低的某个态上，如果这个态存在的话。吸收完成后，分子处于一个不太稳定的状态，有放出能量回到基态的趋势。放出能量有多种途径，如图 4-6 中的短箭头，是振动能级的弛豫，通过分子之间的碰撞等过程把振动能量变成分子动能，宏观上来看体系温度升高，也就是变成了热。通过某种方式弛豫到第一激发态的振动基态后，发生电子跃迁，回到电子基态。这个跃迁的终态也是有多种可能的，可以回到电子基态的任意振动激发态。这个过程中，体系发出光子，能量降低，即为荧光。

国内外夜光材料主要是以硫化锌（ZnS）、硫化锶（SrS）和硫化钙（CaS）制成的，发出绿光和黄光。不过 SrS、CaS 材料易潮解，给广泛应用带来困难。所以市场上主要是以 ZnS 为基质的夜光材料。但它的余辉时间只有 1～3 h，而且在强光（如太阳光）、紫外光和潮湿空气中容易变质发黑，所以在许多领域中的应用受到限制。目前市场上使用的以 ZnS 为基质的短效夜光材料，吸光时间短，但它的余辉时间只有 1～2 h，这种夜光粉主要用于注塑行业，因为它在注塑中性能比较稳定，不容易变黑，所以有很多塑料行业使用。添加钴、铜共激活的 ZnS 夜光粉虽然有很长的余辉时间，但它有红外淬灭现象，在电灯光（包含较多的红光）照射下，余辉会很快熄灭。

人们在实际生活中利用夜光粉长时间发光的特性，制成弱照明光源，在军事部门有特殊的用处，把这种材料涂在航空仪表、钟表、窗户、机器上各种开关标志以及门的把手等处，也可用各种透光塑料一起压制成各种符号、部件、用品（如电源开关、插座、钓鱼钩等）。这些发光部件经光照射后，在夜间或意外停电后仍可持续发光，能帮助人们辨别周围方向，为工作和生活带来方便。把夜光材料超细粒子掺入纺织品中，会使颜色更鲜艳，儿童穿上有夜光的纺织品，可减少交通事故。

（二）实验反应原理

无机/高分子复合材料制备方法有三种，分别是溶液混合、熔融共混和原位聚合。

1. 溶液混合

溶液混合是将无机填料和高分子溶解在它们的良溶剂中，通过超声或剧烈搅拌得到均匀的混合溶液，然后采取脱除溶剂或沉淀的方法得到高分子复合材料。此方法简单、直接，无须复杂设备，而且可以大批量制备，能广泛应用于工业生产中。

2. 熔融共混

熔融共混是在相对高温下将填料与高分子基体进行混合，利用剧烈机械搅拌实现填料在基体中的均匀分散，增强填料与基体之间的界面结合作用。熔融共混比溶液混合更适合于工业化大批量生产，有效避免了溶剂的使用，从而达到经济、环保的要求。

熔融共混不能像溶液混合那样实现填料在基体中的良好分散。

3. 原位聚合

原位聚合是将高分子单体溶液和无机填料混合，加入一定的催化剂，并在合适条件（如温度、pH、电位）下进行聚合的一种方法。

本实验以环氧树脂为例通过原位聚合法制备光致发光环氧树脂复合材料。聚醚胺 D230（M_n=230）为固化剂，固化环氧树脂 E-44（M_n=455）。

三、实验试剂与仪器

（一）实验试剂

环氧树脂 E-44、聚醚胺 D230、荧光粉。

（二）实验仪器

荧光光谱分析仪、菌种瓶、小烧杯、铝盘、四氟乙烯盘、烘箱、镊子、铝坩埚。

四、实验步骤

①首先称取 5 g 环氧树脂和 1.3 g 聚醚胺于一次性塑料杯内，加入 0.8 g 荧光粉，充分搅拌均匀后，用保鲜膜密封，加热到 70 ℃，搅拌反应 10 min，然后恒温几分钟使气泡完全消失，用玻璃棒缓慢搅拌至稍微变黏稠。

②快速倒入铝盘内，然后放入 120 ℃ 烘箱加热 20 min。

③去掉铝箔，裁剪，用探照灯照射 10 min，然后放置于黑暗环境观察发光效果。

④将制备的材料利用荧光光谱分析仪进行荧光分析。

五、数据处理

请拍摄所制备的光致发光复合材料以及在黑暗环境下发光颜色图。

用 Origin 软件绘制所制备样品的荧光光谱图。

六、注意事项

① 一定等待物料反应到变黏后再倒入铝盘，这样荧光剂才能均匀分散。

② 在搅拌反应时要用保鲜膜包好反应烧杯，以免水分进入。

七、分析与思考

① 试分析所制备材料的荧光强度的大小与哪些因素有关。

② 具有荧光效应的材料在日常生活中有哪些应用场景？请举例。

实验六　聚氨酯多孔泡沫材料的制备及密度测试

一、实验目的

① 了解加成型逐步聚合的原理。

② 掌握聚氨酯泡沫多孔材料的制备方法。

二、实验原理

聚氨基甲酸酯分子中具有强极性基团，使其与聚酰胺有某些类似之处，聚合物中存在着氢键，使其具有高强度、耐磨、耐溶剂等特点，而且可通过改变单体的结构、分子量等，在很大范围内调节聚氨酯的性能，因此其在塑料、橡胶、涂料、黏合剂、合成纤维等领域中有广泛的用途。聚氨酯可以制成纤维、涂料、橡胶、热塑弹性体、黏合剂、生物医用材料，本实验是使用聚醚与异氰酸酯扩链生成预聚体，并利用水和异氰酸酯的反应来发泡并进一步延长分子链，最终生成多孔松软的发泡塑料。

聚氨酯泡沫塑料的合成可分为以下三个方面。

① 预聚体的合成：由二异氰酸酯单体与聚醚 330 反应生成含异氰酸酯端基的聚氨酯预聚体。

② 发泡与扩链：在预聚体中加入适量的水，异氰酸酯端基与水反应生成氨基甲酸，随机分解生成一级胺与 CO_2，放出的 CO_2 气体上升膨胀，在聚合物中形成

气泡，并且生成的一级胺可与聚氨酯、二异氰酸酯进一步发生扩链反应。

③交联固化：游离的异氰酸酯基与脲基上的活泼氢反应，使分子链发生交联形成体型网状结构。在本实验中，合成的是软质泡沫塑料，交联反应相对较少，但也存在。

聚氨酯泡沫塑料的软硬取决于所用的羟基聚醚或聚酯，使用较高分子量及相应较低羟值的线形聚醚或聚酯时，得到的产物交联度较低，制得的是线形聚氨酯，为软质泡沫塑料；若用短链或支链的多羟基聚醚或聚酯，所得聚氨酯的交联密度高，为硬质泡沫塑料，伸长率小于 10%，复原慢；此外还有半硬质泡沫塑料，性能在上述两种之间。

除软硬外，泡沫塑料还有开孔和闭孔之分，前者类似于海绵，具有相互联通的小孔结构；后者则是由聚合物包裹起来的气囊构成。在发泡塑料中，多孔结构可以由聚合本身放出，也可以加入发泡剂，如碳酸氢铵、挥发性溶剂，或者直接在预聚物中吹入气体。聚氨酯属于聚合反应，本身产生气体，异氰酸酯可以与任何带有活泼氢的物质反应，当与水反应时，会产生二氧化碳和有机胺类，后者会继续与异氰酸酯反应，即扩链。

在泡沫塑料的制备过程中，也会使用催化剂，二价的有机锡、锌盐或三级胺，都能活化异氰酸酯。聚氨酯泡沫塑料有三种制备方法，分别是预聚体法、半预聚体法和一步法，前两者先聚合、扩链生成预聚体，再进行发泡、交联等，适于制备硬质泡沫塑料。本实验使用一步法，即所有料一次加入，扩链、发泡、交联同时进行，对配方和条件要求较高。

三、实验试剂与仪器

（一）实验试剂

聚醚 330、甲苯二异氰酸酯、辛酸亚锡、三乙基二胺、硅油、水。

（二）实验仪器

一次性纸杯、机械搅拌、烘箱、精密天平（0.0001 g）、量筒。

四、实验步骤

将除甲苯二异氰酸酯外的组分按重量称取于一次性杯子中，然后加入一定量的甲苯二异氰酸酯，迅速搅拌约 30 s，观察发泡过程。室温静置 20 min 后，将泡沫在 90 ～ 120 ℃烘箱中熟化 1 h，移出烘箱冷却至室温。按照高、中、低密度的三种配方各制备 1 次，若有失败，找出其中原因并重做。将三种密度泡沫取样测试密度、抗张强度、压缩强度等力学性能，将各性能列表并对比。具体配比可参考表 4-4。

表 4-4　原料配比

原料	高密度泡沫	中密度泡沫	低密度泡沫
聚醚 330	100	100	100
甲苯二异氰酸酯	30 ～ 35	35 ～ 40	37 ～ 42
水	1.5 ～ 2.5	2.5 ～ 3	3 ～ 3.5
辛酸亚锡	0.1 ～ 0.2	0.2 ～ 0.3	0.2 ～ 0.3
三乙基二胺	0.2 ～ 0.3	0.1 ～ 0.2	0.1 ～ 0.2
硅油	1.0 ～ 2.0	1.0 ～ 2.0	1.5 ～ 2.5

密度测定：用天平测出聚氨酯泡沫块的质量（m）；往量筒中倒入适量的水，记下水面到达的刻度（V_0），将塑料泡沫块放入量筒水中，用细针将塑料泡沫块压入水面下，使其完全浸没，记下这时水面到达的刻度（V_1）。根据 m、V_0、V_1 计算聚氨酯泡沫的密度。

五、数据处理

计算高密度泡沫、中密度泡沫、低密度泡沫的密度值。

六、注意事项

① 实验过程保证异氰酸酯和多元醇的物料配比。

② 控制过程搅拌速度，不可因速度过快导致结构模糊，也不可因速度太慢导致物料混合不均匀。

七、分析与思考

① 比较实验的三组配方及与泡沫软硬程度之间的关系，并用学过的知识进行解释。

② 考察配方中各反应物量之间的关系。

③ 设计出一组聚氨酯硬泡沫的配方。

实验七　聚丙烯阻燃改性及阻燃性能测试

一、实验目的

① 了解聚丙烯（PP）的性能特点、应用及阻燃改性方法和原理。

② 掌握挤出机、注塑机等常用高分子材料成型设备的操作方法和使用；掌握阻燃 PP 复合材料的制备工艺。

③ 掌握运用 YZS-100 型氧指数测定仪测定 PP 复合材料氧指数的基本方法，并运用氧指数评价常见材料的燃烧性能。

二、实验原理

聚丙烯（PP）具有原料来源丰富、合成工艺简单及产品综合性能优异等特点。与其他通用热塑性塑料相比，PP 具有密度小、价格低、屈服强度、拉伸强度、表面硬度等力学性能优异等特点，并有突出的耐应力开裂性、耐腐性和良好的化学稳定性，是最常用的通用塑料之一，广泛应用于电子、电器等领域，已成为目前塑料加工业的主要原料之一。由于 PP 的极限氧指数（LOI）为 18 左右，属于易燃材料，其在电子、电器、交通等诸多领域中的应用受限，因此，研制开发具有阻燃能力的 PP 材料一直是 PP 改性的研究热点之一。

PP 所用阻燃剂主要分为无机化合物、有机化合物两大类。无机化合物主要包括氧化锑、水合氧化铝、氢氧化镁、硼化合物；有机化合物主要包括有机卤化物（约占 31%）、有机磷化物（约 22%）。按使用方法可分为添加型阻燃剂和反应型阻燃剂。添加型阻燃剂主要包括有机卤化物、磷化物、无机化合物。

不同的阻燃剂可起到不同的阻燃作用，它们能使燃烧的五个阶段中某一个或某几个阶段的速度加以抑制，最好能让燃烧在萌芽状态就被制止，即截断某一阶段来源或中断链锁反应，阻止游离基的产生。

由磷系阻燃剂具有阻燃效果好、燃烧时无滴落物、发烟少、无有毒气体、抑烟、不影响塑料原有性能。在受热时，在塑料表面可形成均匀的炭质泡沫层，起到隔绝热量及氧气的作用。常用的磷系阻燃剂可分为有机磷系阻燃剂和无机磷系阻燃剂，通常有机磷系阻燃剂有磷酸三苯酯、磷酸三甲苯酯、磷酸三（二甲苯）酯等。

有机磷系阻燃剂对材料的性能影响比较小，与聚合物材料有良好的相容性，但使用过程中存在渗出性大、易于水解和热稳定性差等缺点，对其应用带来局限。

目前，世界上对材料阻燃的要求日益提高，一些西欧国家以及美国等发达国家已制定了严格的阻燃法规，不仅对建筑、装饰、衣物等制品的阻燃要求很高，对发烟量、毒性也有严格的要求。这给膨胀型阻燃剂的发展提供了良好的机遇，有望通过其实现阻燃剂无卤化，但这类阻燃剂的效率还不能满足使用要求，需要提高其阻燃功效，其阻燃的物理和化学过程的详细机理更有待进一步的研究。

三、实验试剂与仪器

（一）实验试剂

PP 粒料、磷酸三苯酯（TPP）、KH-550、抗氧剂 -1010。

（二）实验仪器

单螺杆挤出机，HT-30 型，南京橡塑机械厂有限公司。注塑机，HJ-700 型，宁波海晶塑机制造有限公司。高速混色机，SHR-20 型，张家港市亿利机械有限公司。微机控制冲击实验机，JJ-20 型，长春智能仪器设备有限公司。氧指数测试仪，HC-2 型，南京江宁分析仪器公司。

四、实验步骤

①按表 4-5 准备实验配方。

表 4-5　实验配方

组分	PP 树脂	TPP	KH-550	抗氧剂 -1010
1	100	10	0.5	0.2
2	100	15	0.5	0.2
3	100	20	0.5	0.2

②按配方称量好 PP 树脂及助剂，经混色机高速混合，也可采用手工混合，螺杆挤出机挤出，造粒，再用注塑机注射成型标准检测试样。

③按相应国标法检测其性能。氧指数性能按《塑料　用氧指数测定燃烧行为》（GB/T 2406）测试，阻燃性能按《塑料　燃烧性能的测定　水平法和垂直法》（GB/T 2408—2021）测试。

五、数据处理

完成表 4-6。

表 4-6　数据处理

实验次数	1	2	3	4	5	6	7	8	9	10
氧浓度 /%										
燃烧时间 /s										
燃烧结果										

六、注意事项

①PP 和 TPP 等同步投料，确保挤出物料均匀。

② 注塑用样品须烘干后再进行注塑，防止样品中含有水分导致样条内部产生气泡。

七、分析与思考

可否通过多种阻燃剂协同作用实现高效阻燃？

实验八　海藻酸钠接枝共聚高吸水性树脂制备及吸水性能测试

一、实验目的

① 掌握高吸水性树脂的合成方法。

② 了解海藻酸钠接枝共聚原理。

③ 掌握对高吸水性树脂的表征方法和测试手段。

二、实验原理

高吸水性树脂（super absorbent resin，SAR）在短时间内可达到自身重量的几百倍乃至上千倍，保水性强，即使加压也不易失水，被广泛应用于农林、工业、建筑、医药卫生及日常生活等方面。而吸水树脂启用后若长期不能降解势必造成环境污染。因此，开发可生物降解吸水剂，实现合成高分子与生态的相互和谐，是高分子科学发展中面临的社会问题，人们将高吸水保水材料与其他无机和有机物共聚或共混，制成高吸水保水复合材料。

海藻（seaweed）作为产量大、价值低、再生能力强的海洋资源，若应用于吸水树脂中，有望为材料领域增加一种新的天然功能性海洋生物可降解物质。鉴于海藻酸钠良好的生物相容性和生物降解性，选择适当的方法、单体、配比和工艺，可望获得良好的改性吸水材料体系。试验引入丙烯酰胺制备一种新型可生物降解、环保型的复合耐盐性吸水树脂。

海藻酸钠与丙烯酰胺的混合物在过硫酸钾的引发下，海藻酸钠分子中带羟基的碳原子上的 H 被夺走而产生自由基，再引发丙烯酰胺生成海藻酸钠 - 丙烯酰胺自由基，从而与丙烯酰胺进行链增长聚合，最后链终止。

三、实验试剂与仪器

（一）实验仪器

磁力搅拌器、天平、电热鼓风干燥箱。

（二）实验试剂

海藻酸钠、丙烯酰胺、过硫酸钾、*N*, *N*- 亚甲基双丙烯酰胺。

四、实验步骤

（一）海藻酸钠接枝共聚丙烯酰胺高吸水性树脂的制备

在烧杯中依次加入 5 mL 丙烯酰胺水溶液（300 g/L）和 20 mL 海藻酸钠水溶液（20 g/L）。在室温下搅拌 20 min 得到聚合液，将上述待聚合液转入聚四氟乙烯容器中，于室温下加入交联剂 20 mg *N*, *N*- 亚甲基双丙烯酰胺和 20 mg 引发剂过硫酸钾，搅拌均匀后置于 80 ℃ 的烘箱中反应 5 h，即得干燥的块状产物，经粉碎、过筛，得到白色或淡黄色颗粒状样品。

（二）吸水性能测试

取已干燥的海藻酸钠接枝共聚 SAR 样品，置于盛有一定体积的纯水或浓度为 0.9% 的生理盐水的烧杯中，饱和后，经 20 目网筛筛去多余的水后称全部凝胶质量，计算吸水倍率公式为：

$$Q=(m_2-m_1)/m_1 \tag{4-1}$$

式中：Q 为 SAR 的吸水倍率，g/g；m_1 为 SAR 干样品的质量，g；m_2 为 SAR 吸水后的质量，g。

五、数据处理

计算海藻酸钠接枝共聚 SAR 的吸水率。

六、注意事项

须严格控制反应温度和投料比。

七、分析与思考

引发剂过硫酸钾属于哪一类引发剂？引发剂的选择原则有哪些？

实验九　聚合物减水剂的合成及其在水泥基材料中的应用

一、实验目的

① 合成聚羧酸型减水剂。
② 测试合成减水剂对水泥基材料性能的影响。
③ 学会使用并能够熟练操作实验中所用到的各种仪器。

二、实验原理

聚羧酸减水剂是一类常用的混凝土外加剂，用于改善混凝土的加工性能和性能特征。聚羧酸减水剂分子结构中的羧基和疏水基团使其在水泥颗粒表面形成吸附，同时疏水基团又向外延伸，形成类似带电的"云母"结构。这种结构有助于在混凝土中分散水泥颗粒，防止颗粒之间的团聚，从而提高混凝土的流动性。聚羧酸减水剂中的羧基与水泥颗粒表面的 Ca^{2+}、Al^{3+} 等金属离子发生络合作用，形成螯合物，降低了水泥颗粒间的静电吸引力，从而减小了水泥颗粒的凝聚力，进一步提高了混凝土的流动性。聚羧酸减水剂能够吸附在气泡的表面，改变气泡的表面张力，使气泡变小或破裂，从而减少混凝土中的气孔数量，提高了混凝土的致密性和强度。聚羧酸减水剂能够改变水泥水化的动力学过程，延缓水泥颗粒间的水化反应速率，使水泥水化过程更为均匀，减少了水泥颗粒团聚和结合水的使用量，提高了混凝土的强度和耐久性。综合上述作用原理，聚羧酸减水剂通过分散水泥颗粒、控制水泥水化速率、减少气孔数量等方式，能够有效改善水泥基材料的流动性、强度和耐久性。这些作用使混凝土更易加工、性能更稳定，有利于提高混凝土的质量和使用性能。聚羧酸系减水剂的主要特点包括：显著降低水灰比，提高混凝土的流动性和可加工性；降低混凝土的黏度，改善混凝土的流动性和坍落度；减少混凝土的孔隙率，提高混凝土的密实性和强度。

减水剂在水泥基材料中的应用如下。

一是提高流动度。减水剂的主要功能之一是降低混凝土的水灰比，从而提高混凝土的流动性，使混凝土更易于浇灌和加工。减水剂可以降低混凝土的黏性，改善其坍落度，提高混凝土的可加工性。减水剂通过降低水泥颗粒间的滑动阻力，使得混凝土更易于浇筑和成形，从而提高工作效率并降低施工难度。

二是保持坍落度。减水剂的空间位阻作用和缓释作用有助于维持混凝土的坍落度。这能使混凝土在一定时间内保持良好的工作性，使其更适用于需要长时间运输或施工的情况。

三是加强混凝土强度。合适的减水剂可以改善混凝土的致密性和均质性，从而提高混凝土的抗压强度和耐久性。减水剂还有助于减少混凝土内部的孔隙率，提高混凝土的密实性，使混凝土更加坚固耐用。最后，通过减少水的用量而不改变其他原材料配比有效提升混凝土的强度。同时，由于减少了水泥的用量，也能够在一定程度上节约成本并降低混凝土结构的重量。

此外，聚羧酸减水剂因其高减水性、良好的适应性和较小的坍落度损失，成为现代混凝土工程中常用的一种高性能减水剂。综上所述，减水剂的应用不仅提高了混凝土的加工性能，还有助于提升最终产品的强度和耐久性，对现代建筑行业有着重要的意义。

三、实验试剂与仪器

（一）实验试剂

C4 聚醚（甲基烯丙基聚氧乙烯醚大单体）、双氧水、抗坏血酸（VC）、丙烯酸、β- 巯基乙醇、氢氧化钠溶液。

（二）实验仪器

四口烧瓶、加热器、搅拌器、温度计、滴液漏斗。

四、实验步骤

（一）减水剂的合成

C4 聚醚合成减水剂通常采用聚醚单体与有机酸化合生自由基聚合进行合成。在合成过程中，将 C4 单体加入反应釜，加入双氧水、60 ～ 70 ℃ 水浴加热至完全熔化。

A 料：将丙烯酸、VC、β- 巯基乙醇以少量水混合均匀，搅拌至 VC 全部溶解。

滴加：将 A 料匀速滴加至底料聚醚水溶液中。

保温：A 料滴毕保温 4 ～ 6 h。

冷却：将混合物冷却至室温，即得到聚羧酸减水剂，最后用氢氧化钠中和。

（二）测试合成减水剂对水泥基材料性能的影响

制备一定比例的水泥基材料，包括水泥、砂、骨料等。分别加入不同剂量的合成减水剂到水泥基材料中，并充分拌和。使用准备好的水泥基材料制备混凝土试块或试样。测试不同试样的流动性、坍落度、抗压强度、抗渗性能等指标。比较加入减水剂和未加入减水剂的水泥基材料性能差异。

1. 减水剂对水泥净浆流动度的影响

① 将玻璃板搁置在水平桌面，用湿布将玻璃板、截锥圆模、搅拌器及搅拌锅均匀掠过，使其表面湿而不带水渍。

② 将截锥圆模放在玻璃板的中央，并用湿布覆盖待用。

③ 称取 300 g 水泥，倒入搅拌锅内。

④ 加入不同掺量的外加剂及 87 g 水，先慢搅 2 min，再快搅 1 min。

⑤ 将拌好的净浆迅速注入截锥圆模内，用刮刀刮平，将截锥圆模以垂直方向提起，同时开启秒表计时，任水泥净浆在玻璃板上流动，至 30 s，用直尺量取流淌部分相互垂直的两个方向的最大直径，取均匀值作为水泥净浆流动度。

2. 减水剂对水泥净浆力学强度的影响

减水剂是一种用于改善混凝土和水泥净浆工作性能的化学添加剂，其能够在不改变混凝土配合比的情况下，显著提高混凝土的流动性，同时保持混凝土的强度。为了评估减水剂对水泥净浆力学性能的影响，通常会进行抗压强度测试，这些测试分别在 1 d、3 d、7 d 和 28 d 进行，因为水泥基材料在这些特定龄期的强度是工程师关注的重要指标。实验步骤通常包括以下 5 个阶段。

① 准备试件。按照标准方法准备水泥净浆试件，确保所有试件的成分和制备过程都保持一致，除了添加不同剂量的减水剂以评估其效果。

② 固化。将试件放入固化环境中，保持适当的湿度和温度，以使水泥净浆正常硬化。

③ 加载测试。到达指定的龄期（1 d、3 d、7 d、28 d）后，将试件从固化环境中取出，使用压力机或抗压强度试验机进行抗压强度测试。记录每个试件的最大承载力。

④ 数据分析。计算每个龄期的平均抗压强度，并与未添加减水剂的对照组比较，评估减水剂对早期强度（1 d 和 3 d）和后期强度（7 d 和 28 d）的影响。

⑤ 结果解释。通过分析数据可以得出减水剂是否提高了水泥净浆的力学性能，并确定最佳的减水剂掺量。一般来说，适量的减水剂可以提高水泥净浆的密实度，从而提高其抗压强度，但过量的减水剂可能会导致强度下降。

总之，减水剂的使用还受到其他因素的影响，如水泥类型、集料特性、混合水量等。因此，实际工程中需要针对具体条件进行试验，以得到最准确的配比设计。通过本实验，可以合成聚羧酸型减水剂，并测试其在水泥基材料中的应用效果。实验结果将有助于评估合成减水剂对水泥基材料性能的影响，为减水剂的合成及应用提供实验数据支持。

五、数据处理

（一）减水剂对水泥净浆流动度的影响

对于每个掺量，计算多次实验的平均流动性和标准差，并完成表 4-7。使用作图工具，以减水剂掺量为横坐标，平均流动度为纵坐标绘制折线图。分析减水剂掺量与水泥净浆流动度之间的关系。

表 4-7 水泥净浆平均流动性和标准差

减水剂掺量 /‰	水泥净浆平均流动性 /mm	标准差
0		
0.5		
1		
2		

（二）减水剂对水泥净浆力学强度的影响

计算每个龄期的平均抗折强度及抗压强度数据，绘制柱状图，并与未添加减水剂的对照组比较，评估减水剂掺量对早期强度（1 d 和 3 d）和后期强度（7 d 和 28 d）的影响。通过分析数据可以得出减水剂是否提高了水泥净浆的力学性能，并确定最佳的减水剂掺量。一般来说，适量的减水剂可以提高水泥净浆的密实度，从而提高其抗压强度，但过量的减水剂可能会导致强度下降。

六、注意事项

① 在混凝土试块制备和性能测试过程中，要严格按照操作流程进行，保证实验数据的准确性和可比性。

② 在混凝土流动度和力学性能测试过程中，要注意操作安全，使用振动台等设备时要注意安全操作规范。

③ 为了得到准确的实验结果，需要控制可能影响混凝土性能的其他因素，如水灰比、水泥种类及用量等。

④ 在进行混凝土性能测试时，要确保使用的试验设备（如坍落度测试器、压力试验机等）已经校准并处于良好状态。

⑤ 在实验操作过程中，注意安全，避免接触有毒或腐蚀性物质，如丙烯酸和过氧化氢。

⑥ 操作过程中注意溶液的 pH 和温度，以确保聚合反应顺利进行。

七、分析与思考

① 减水剂的作用机理是什么？ 如何通过改变减水剂的分子结构来优化其在水泥基材料中的作用效果？

② 不同类型的减水剂（如木质素磺酸盐、萘磺酸盐甲醛缩合物、磺化三聚氰胺甲醛树脂、聚羧酸盐）有什么不同特点？这些特点如何影响它们在水泥基材料中的应用？

③ 减水剂的掺量对混凝土的性能有何影响？如何确定最佳的减水剂掺量？

实验十　基于硫醇环氧化学环氧树脂的固化和交联密度调控

一、实验目的

① 掌握硫醇固化环氧树脂的固化机理。

② 掌握聚合物网络结构对材料交联密度和玻璃化温度的影响。

③ 掌握材料橡胶模量测定交联密度的原理。

④ 了解动态热机械分析仪的测试方法。

⑤ 了解差示扫描量热仪的测试方法。

二、实验原理

环氧树脂是一种高分子聚合物，是指分子中含有两个以上环氧基团的一类聚合物的总称。环氧树脂本身是热塑性的半成品，需要加入另一种组分作为固化剂才能使其固化。由于环氧树脂中含有的环氧基团及仲羟基可以进行许多反应，胺类、酸酐类、聚酰胺类、硫醇类等物质均可与环氧基团反应，交联固化形成网状大分子结构，因此其固化剂的品种繁多。环氧树脂应用技术的发展与固化剂的结构、规格和质量密切相关。运用固化剂实现环氧树脂理想的应用效果，是配方设计的主要任务。

硫醇分子及其改性固化剂中含有巯基，巯基可与环氧基反应形成共聚物，硫醇配以少量叔胺即可作为固化剂使用，其固化时间非常短，通过改性后延长了其适用期，使涂层的柔韧性、附着力及机械性能等均得到很大的提高，在快速修补、电子材料快速封装、内舱快固化及冬季作业场合等领域得到快速发展和大量应用，具有其他固化剂无法替代的优势。

硫醇固化剂与环氧树脂搭配的原理是通过硫醇与环氧树脂中的环氧基反应，形成 S—O 基团和 C—S 基团，形成高极性链。这类化合物具有很好的耐候性和化学稳定性，同时能够提高环氧树脂的机械性能和化学性能。其中，四（3- 巯基丙酸）季戊四醇酯是一种快速固化聚硫醇固化剂，可应用于牙齿正畸黏合剂、量子点膜、3C 电子胶、UV 光学胶等高端环氧胶黏剂领域。本实验就选用该硫醇固化剂进行固化环氧树脂。

$$\text{\textasciitilde\textasciitilde\textasciitilde}CH-CH_2 + HS-R \longrightarrow \text{\textasciitilde\textasciitilde\textasciitilde}CH-CH_2-S-R$$

当含有 4 个巯基官能团的四（3- 巯基丙酸）季戊四醇酯添加到环氧树脂中，在催化剂催化作用下，两种单体聚合到某一程度，开始交联，黏度突增，气泡也难以上升，出现了凝胶化现象，这时的反应程度称作凝胶点。出现凝胶后，交联网络中有许多溶胶，溶胶进一步交联成凝胶，最后得到固化的产品。由于硫醇和环氧反应速率较快，在 80 ℃下，10 ～ 30 min 即可固化完成。固化成型后可以测定材料的交联密度。根据经典橡胶弹性理论中平台区橡胶态模量和交联密度之间的关系：

$$\upsilon_e = E_p/3RT \tag{4-2}$$

式中：υ_e 为每立方厘米材料的弹性有效链的摩尔数，R 为理想气体常数，T 为温度。

利用动态热机械分析仪（DMA）测试得到的平台区橡胶态模量（E_p），即可以计算出聚合物网络的交联密度。一般来说，材料交联密度越大，平台区橡胶态模量越大，材料的玻璃化温度越高，软化点温度越高。

三、实验试剂与仪器

（一）实验试剂

四（3- 巯基丙酸）季戊四醇酯（PETMP），分子量为 489，>95%；环氧树脂（E-44），分子量为 455 g/mol；三乙胺。

（二）实验仪器

实验仪器详情见表 4-8。

表 4-8　实验仪器详情

仪器	规格／型号	数量
菌种瓶	20 mL	1 只
磁力搅拌子	1 cm	1 个
磁力搅拌器	ZNCL-BS180	1 台
一次性吸管	5 mL	1 支
聚四氟乙烯模具	5 cm×5 cm×1 mm	1 个

仪器	规格／型号	数量
烘箱	DHG-9145A	1 台
动态热机械分析仪	TA-Q800	1 台
差示扫描量热仪	Q200	1 台
铝坩埚		1 只

四、实验步骤

（一）环氧树脂的制备

①取一个菌种瓶，放入磁力搅拌子；分别称取一定质量的环氧树脂和四（3-巯基丙酸）季戊四醇酯于菌种瓶内。

②将上述装有混合液的菌种瓶放置在磁力搅拌器上进行磁力搅拌，大约搅拌 5 min，使混合液搅拌均匀。

③称取混合液重量 1% 的三乙胺作为巯基环氧反应的催化剂加入上述菌种瓶内，快速搅拌 3 min，使催化剂完全和单体混合均匀。

④将混合均匀的反应液倒入四氟乙烯模具内，然后在 80 ℃ 的烘箱内反应 20 min。

⑤反应结束后，将四氟乙烯模具从烘箱内取出，等待降至室温后，将固化好的聚合物膜从模具中取出来备用。

⑥将样品用裁割工具或激光切割机切成 2.5 cm×5 mm 的样条，待后续测试使用。

（二）环氧树脂的表征

首先，将固化好的样品用剪刀剪成颗粒状，然后用铝坩埚称取 15 ～ 20 mg，盖上铝盖进行封装，将样品放置在差示扫描量热仪（DSC，Q200）的炉子内。打开软件，设置测试温度范围为 30 ～ 150 ℃，升温速率为 5 ℃/min，测试材料的玻璃化转变温度（T_g）。

随后，将切割好的 2.5 cm×5 mm 的样条用动态热机械分析仪（DMA，TA-Q800）的拉伸夹具夹好。采用 DMA 薄膜拉伸多频应变模式，采用温度斜坡／频率扫描，测试振幅为 10 μm，力跟踪为 125%，频率 1Hz，预加应力 0.001N，升温速率为 5 ℃/min。测试温度范围为 30 ～ 150 ℃，记录储能模量随温度变化的曲线。

五、数据处理

首先，完成表 4-9。

表 4-9 数据处理

编号	E-44/g	PETMP/g	平均官能度（f）	T_{g1}-DSC	T_{g2}-DMA	E_p	v_e
1	2.73	2.934					
2	3.82	2.934					
3	4.64	2.934					
4	5.46	2.934					

注　实验过程中每个大组有四个成员，每个成员完成一个实验配方。

其次，绘制所做样品的 DSC 曲线，并标注玻璃化转变。

最后，绘制所做样品的 DMA 曲线，并标注玻璃化转变和橡胶态模量。

六、注意事项

① 硫醇易氧化，注意应密封保存。

② 模具一定要放置平整，否则做出来的膜厚度不均匀。

③ DSC 测试结束后，待炉子降温至 30 ℃ 以下时再进行下一个样品测试。

七、分析与思考

① 分析实验配方 1 到配方 4 所制备材料的交联密度是如何变化的？发生此变化的原因是什么？

② 根据样品的平均官能度（f）判断材料是否能够交联？配方平均官能度的变化理论上对材料交联密度的影响是否和实验结果一致？

③ DSC 和 DMA 测试的玻璃化温度为何大小不一致？分析产生的原因。

实验十一　聚丙烯酸酯乳液压敏胶的制备与性能表征

一、实验目的

① 理解乳液聚合的基本原理和组成。

② 了解聚丙烯酸酯乳液压敏胶的制备方法和配方设计原理。

③ 了解聚丙烯酸酯乳液压敏胶的性能、表征方法及应用。

二、实验原理

压敏胶是胶黏剂领域的一个重要分支，是在黏流力学状态下使用的半固体黏弹性材料，仅需轻微压力即可使压敏胶牢固粘贴在物体表面，并在使用后可以去除而不留有残胶。压敏胶种类繁多，根据化学成分主要可以分为橡胶类、聚丙烯酸酯类、有机硅类和聚氨酯类等。传统压敏胶因其卓越性能而得到广泛的使用，但其涉及大量的有机溶剂，会对生产和使用过程的人们和环境造成伤害。按照"绿色化学"和"清洁生产"的要求，胶黏剂的产品设计、能源、原材料选用及生产与应用等过程都应对环境无毒、无害，目前乳液聚合技术是压敏胶环保绿色化发展的最重要技术之一，被广泛应用于生产制备替代溶剂型压敏胶。其中，聚丙烯酸酯乳液压敏胶因其可设计性强、成膜性佳、黏接范围广及成本低等优点被广泛应用于建材、纺织及包装等诸多领域，而聚丙烯酸酯乳液压敏胶已经发展成包装领域尤其是保护膜生产用胶黏剂的不二之选。

聚丙烯酸酯乳液压敏胶一般是采用乳液聚合方法制得，其基本配方组成与常规乳液一样，包括单体、水溶性引发剂、乳化剂和水，其中单体和乳化剂的选择最为重要。胶黏剂中共聚物的 T_g 是影响乳液压敏胶力学性能的主要因素之一，一般应保持在 $-20 \sim -50\ ℃$ 较为合适。压敏胶配方体系不同，其最佳 T_g 值也不同，可通过软、硬单体的选择来调节，从而保持在一定内聚力的前提下具有较好的初黏性和持黏性。共聚物的玻璃化温度 T_g 可以用下式来近似计算。

$$\frac{1}{T_g} = \sum_{i=1}^{n} \frac{w_i}{T_{g_i}} \qquad (4\text{-}3)$$

式中：T_g 为共聚物的玻璃化转变温度，℃；w_i 为共聚组分有质量分数，%；T_{g_i} 为共聚单体 i 均聚物的玻璃化转变温度，℃。

为了提高压敏胶的性能，单体配方中往往还需要加入其他功能性单体，如丙烯酸、丙烯酸羟乙酯、丙烯酸羟丙酯、N-羟基丙烯酰胺、二丙烯酸乙二醇酯等。乳化剂的选择也十分重要，它不但要使聚合反应平稳，同时也要使聚合反应产物具有良好的稳定性。通常采用阴离子和非离子乳化剂的复配，从而克服各自的缺点以获得稳定的乳液。乳化剂的用量对乳液的稳定性有很大的影响，当乳化剂用量少时乳液在聚合中稳定性差，容易发生破乳现象，随着乳化剂用量的增加，乳液逐步趋向稳定。但乳化剂用量过高又会降低压敏胶的耐水性，而且施胶时泡沫过多，会影响施工性能。

三、实验试剂与仪器

（一）实验试剂

丙烯酸丁酯、丙烯酸、丙烯酸羟乙酯、苯乙烯、十二烷基苯磺酸钠（阴离子型）、OP-10（非离子型）、过硫酸铵、碳酸氢钠、氨水、去离子水、润湿剂（OT-75）、消泡剂（691）。

（二）实验仪器

机械搅拌器 2 套、球形冷凝管 1 个、500 mL 四口烧瓶 2 个、滴液漏斗 1 支、恒温水槽 1 台、温度计 1 支、固定夹若干、烧杯若干、鼓风烘箱、旋转黏度计、万能拉力机、激光粒度仪、橡胶辊、8K 镜面板等。

四、实验步骤

（一）实验准备

① 单体称量。在 400 mL 烧杯中依次称量丙烯酸羟乙酯 1.0 g、丙烯酸 4.0 g、苯乙烯 35 g、丙烯酸丁酯 160 g，搅拌均匀，备用。

② 乳化剂称量。分别称量十二烷基苯磺酸钠 1.0 g 和 OP-10 2.0 g 备用。

③ 引发剂称量。称量过硫酸铵 1.2 g，并加入 5 g 水溶解，备用。

④ 缓冲剂称量。称量碳酸氢钠 1 g，备用；分别称取 80 g、150 g 去离子水，备用。

（二）预乳化液制备

在 500 mL 的四口烧瓶中，加入称量好的十二烷基苯磺酸钠和 OP-10，然后加入 80 g 去离子水，搅拌 10 min，再加入引发剂水溶液，继续搅拌 5 min 后加入称量的单体，一起搅拌乳化 60 min，搅拌速度控制在（450 ～ 500 r/min），即得预乳化液。

（三）聚合反应装置搭建

参照图 4-7 搭好反应装置，确保设备不摇晃、不抖动。

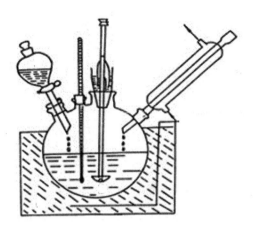

图 4-7 乳液聚合反应装置图

（四）乳液聚合

在 500 mL 的四口烧瓶中直接加入去离子水 150 g，接着加入称量好的碳酸氢钠，开启搅拌，水浴加热至 81 ℃；接着通过分液漏斗往烧瓶内滴加预乳化液，控制滴加时间为 3 h，滴加结束后升温 85 ℃，继续保温反应 2 h。

（五）乳液聚合后处理

保温结束后撤除恒温浴槽，继续搅拌冷却 50 ℃，用氨水调节乳液 pH 至 7.0 ~ 8.0，接着加入适量润湿剂和消泡剂，搅拌 10 min，最后将制备的乳液过 180 目尼龙滤网，出料即可。

五、数据处理

（一）固含量

固含量的测试步骤为，首先称重干燥表面皿 m_0（g），接着称取 HPSAs m_1（g）样品加入表面皿中（1 ~ 2 g 为宜），然后将表面皿置于 110 ℃ 烘箱中烘烤 2 h，接着置于真空烘箱中冷却至室温，再次称重表面皿 m_2（g），则含固量为（m_2-m_0）/m_1×100%。

（二）凝胶量

反应结束后用 180 目滤网过滤，收集滤网上的凝胶置于 110 ℃ 烘箱中烘 1 h，然后称重 m_1（g），计算凝胶量：$\dfrac{m_1}{m_0}$×100%。公式中 m_0 为所有单体质量和。

（三）乳液粒径与形貌

将聚丙烯酸酯压敏胶用去离子水稀释 1000 倍，超声 15 min 后测试乳液的粒径及其分布。

（四）力学性能

参照压敏胶性能测试方法对聚丙烯酸酯乳液压敏胶的初粘力、持粘力和 180° 剥离强度进行测试，即按照《压敏胶粘带初黏性试验方法（滚球法）》（GB/T 4852—2002）测试压敏胶初粘力，按《胶粘带黏性的试验方法》（GB/T 4851—2014）测定压敏胶持粘力，按照《胶粘带剥离强度的试验方法》（GB/T 2792—2014）测定压敏胶 180° 剥离强度。

六、注意事项

① 反应装置搭建务必要稳定，确保不晃动。
② 注意滴加速度的控制，务必保持滴加速度平稳，切忌滴加速度忽快忽慢。
③ 反应温度比较高，不要造成人身财产损害。
④ 单体气味比较大，称量、预乳化及聚合都确保在通风橱中进行。

七、分析与思考

① 结合身边实例，说明压敏胶的主要性能有哪些？
② 如何提高压敏胶的初粘力、持粘力和 180° 剥离强度？

参考文献

[1] J.F.拉贝克.高分子科学实验方法：物理原理与应用 [M].吴世康，漆宗能，等，译.北京：科学出版社，1987.

[2] I.M.沃德.固体聚合物的力学性能 [M].2 版.徐懋，漆宗能，等，译校.北京：科学出版社，1988.

[3] 北京大学化学系高分子教研室.高分子实验与专论 [M].北京：北京大学出版社，1990.

[4] 北京大学化学系高分子教研室.高分子物理实验 [M].北京：北京大学出版社，1983.

[5] 北京化工学院.高分子物理实验 [M].北京：北京化工学院，1992.

[6] 北京理工大学化工与材料学院高分子材料教研室.高分子物理实验 [M].北京：北京理工大学出版社，1991.

[7] 晨光化工厂.塑料测试 [M].北京：燃料化学工业出版社，1973.

[8] 董炎明，熊晓鹏，郑薇，等.高分子研究方法 [M].北京：中国石化出版社有限公司，2011.

[9] 冯开才，李谷，符若文，等.高分子物理实验 [M].北京：化学工业出版社，2004.

[10] 复旦大学化学系高分子教研组.高分子实验技术 [M].上海：复旦大学出版社，1996.

[11] 高家武.高分子材料近代测试技术 [M].北京：北京航空航天大学出版社，1994.

[12] 郭玲香，宁春花.高分子化学与物理实验 [M].南京：南京大学出版社，2014.

[13] 韩哲文.高分子科学实验 [M].上海：华东理工大学出版社，2005.

[14] 何曼君，张红东，陈维孝，等.高分子物理 [M].3 版.上海：复旦大学出版社，2012.

[15] 何卫东，金邦坤，郭丽萍.高分子化学实验 [M].2 版.合肥：中国科学技术大学出版社，2012.

[16] 华幼卿，金日光.高分子物理 [M].5 版.北京：化学工业出版社，2013.

[17] 金日光.聚合物流变学及其在加工中的应用 [M].北京：化学工业出版社，1986.

[18] 李青山，王雅珍，周宁怀 . 微型高分子化学实验 [M]. 北京：化学工业出版社，2003.

[19] 梁晖，卢江 . 高分子化学实验 [M]. 北京：化学工业出版社，2004.

[20] 刘长维 . 高分子材料与工程实验 [M]. 北京：化学工业出版社，2004.

[21] 南开大学化学系高分子教研室 . 高分子物理实验 [M]. 天津：南开大学，1986.

[22] 牛秉彝，王元有，黄人骏 . 聚合物粘弹及断裂性能 [M]. 北京：国防工业出版社，1991.

[23] 潘祖仁 . 高分子化学 [M].5 版 . 北京：化学工业出版社，2014.

[24] 清华大学化工系高分子教研组 . 高分子物理实验讲义 [M]. 北京：清华大学，1988.

[25] 沈新元 . 高分子材料与工程专业实验教程 [M]. 北京：中国纺织出版社，2010.

[26] 孙玉秩 . 塑料工程专业实验 [M]. 太原：太原机械学院，1990.

[27] 汪建新 . 高分子科学实验教程 [M]. 哈尔滨：哈尔滨工业大学出版社，2009.

[28] 王贵恒 . 高分子材料成型加工原理 [M]. 北京：化学工业出版社，1982.

[29] 王忠 . 高分子材料与工程专业实验教程 [M]. 西安：陕西人民出版社，2007.

[30] 邬怀仁，于明，沈如涓，等 . 理化分析测试指南：非金属材料部分（聚合物材料性能测试技术分册）[M]. 北京：国防工业出版社，1988.

[31] 吴承佩，周彩华，栗方星 . 高分子化学实验 [M]. 合肥：安徽科学技术出版社，1989.

[32] 吴人洁 . 现代分析技术在聚合物中的应用 [M]. 上海：上海科学技术出版社，1987.

[33] 吴智华 . 高分子材料加工工程实验教程 [M]. 北京：化学工业出版社，2004.

[34] 夏笃祎，张肇熙 . 聚合物结构分析 [M]. 北京：化学工业出版社，1990.

[35] 肖汉文，王国成，刘少波 . 高分子材料与工程实验教程 [M]. 北京：化学工业出版社，2008.

[36] 闫红强，程捷，金玉顺 . 高分子物理实验 [M]. 北京：化学工业出版社，2012.

[37] 阎春绵 . 高分子材料及其成型工艺实验 [M]. 郑州：郑州轻工业学院校内教材，2003.

[38] 杨海洋，朱平平，何平笙 . 高分子物理实验 [M]. 合肥：中国科技大学出版社，2004.

[39] 殷敬华，莫志深 . 现代高分子物理学 [M]. 北京：科学出版社，2001.

[40] 殷勤俭，周歌，江波 . 现代高分子科学实验 [M]. 北京：化学工业出版社，2012.

[41] 张举贤 . 高分子科学实验 [M]. 开封：河南大学出版社，1997.

［42］张丽华，杜拴丽．高分子科学实验［M］．北京：兵器工业出版社，2004.

［43］张向宇．实用化学手册［M］．北京：国防工业出版社，1986.

［44］张兴英，李齐方．高分子科学实验［M］．北京：化学工业出版社，2007.

［45］中国科学技术大学高分子物理教研室．聚合物的结构与性能［M］．北京：科学
出版社，1981.

［46］中国医药公司上海化学试剂采购供应站．试剂手册［M］．2版．上海：上海科
学技术出版社，1985.

［47］周智敏，米远祝．高分子化学与物理实验［M］．北京：化学工业出版社，2011.

附 录

1 常用试剂的物理常数

溶剂	沸点 /℃	熔点 /℃	密度（d20）	折光指数
乙酸	117.72	16.63	1.04365	1.37160
丙酮	56.24	−95.35	0.7908	1.35880
苯	80.10	5.533	0.87368	1.50110
苯甲醇	205.45	−15.3	1.04535	1.54033
乙酸丁酯	126.11	−73.5	0.8813	1.39406
正丁醇	117.73	−89.53	0.80961	1.39922
四氯化碳	76.5	−22.99	1.5940	1.46030
间甲基苯酚	202.70	−11.95	1.0341	1.5438
三氯甲烷	61.15	−63.55	1.4892	1.4455
环己烷	80.74	6.554	0.77855	1.42623
环己酮	115.60	−16.40	0.9462	1.45097
十氢萘	191.7	−124	0.8865	1.4758
二甲基甲酰胺	153.0	11.80	0.944525	1.426925
二氧杂环己烷	101.32	−83.97	1.03375	1.42241
乙酸乙酯	77.11	−114.5	0.90063	1.37239
乙醇	78.33	−116.3	0.78934	1.36139
乙醚	34.48	8.25	0.71352	1.35272
甲酸	100.70	−90.6	1.21961	1.37140
正庚烷	98.43	−95.3	0.6836	1.38765
正己烷	68.7	−97.49	0.65937	1.37486
甲醇	64.51	−87.30	0.7915	1.32863
甲乙酮	79.50	−56.8	0.80473	1.37850
正辛烷	125.67	−126.2	0.70252	1.39743
正丙醇	97.15	−65	0.8035	1.38556
四氢呋喃	64.65	−35.8	0.8898	1.4091
四氢化萘	207.6	−94.991	0.9702	1.54135
甲苯	110.62	0	0.8669	1.49693
水	100	13.26	0.99707	1.33299
对二甲苯	138.35	−29	0.86105	1.49581
邻二甲苯	114.4	−35.3	0.8802	1.5045

续表

溶剂	沸点 /℃	熔点 /℃	密度（d20）	折光指数
1,2- 二氯乙烷	83.7	-43.8	1.257	1.4443
1,1 或 2,2- 二氯乙烷	146.3	-45	1.606	1.4942
氯化苯	132	-17.5	1.1066	1.5248
邻二氯苯	180	-108.6	1.3048	1.5516
二硫化碳	46.3	5.7	1.2628	1.629515
硝基苯	210	-42	1.198625	1.5529
吡啶	115.3	-10.4	0.982	1.5092
二缩乙二醇	244.5	-5	1.1177	1.4472
三缩乙二醇	287.3	-6.2	1.1254	—
苯胺	184.4	147	1.022	1.5863
对苯二胺	267	-99	—	—
正丁醛	75	-26	0.8170	1.3843
苯甲醛	179.5	-12.3	1.054415	1.5463
乙二醇	197.2	16	1.1155	1.4274
1,4- 丁二醇	230	42	1.020	—
1,6- 己二醇	250	17.9	—	—
甘油	290	41	1.260	1.4729
苯酚	181.2	105	1.07125	1.540325
邻苯二酚	240	170.5	1.37115	—
对苯二酚	286.2	-8.5	1.358	—
乙二胺	116.1	—	0.8994	1.4540

2　常用溶剂的溶度参数

溶度参数：（cal/cm³）$^{1/2}$

溶剂	溶度参数	溶剂	溶度参数
季戊烷	6.3	甲乙酮	9.2
异丁烯	6.7	氯仿	9.3
环己烷	7.2	三氯乙烯	9.3
正己烷	7.3	氯苯	9.5
正庚烷	7.4	四氢萘	9.5
二乙醚	7.4	四氢呋喃	9.5
正辛烷	7.6	醋酸甲酯	9.6
甲基环己烷	7.8	卡必醇	9.6
异丁酸乙酯	7.9	氯甲烷	9.7
二异丙基甲酮	8.0	二氯甲烷	9.7

溶剂	溶度参数	溶剂	溶度参数
戊基醋酸甲酯	8.0	丙酮	9.8
松节油	8.1	1,2-二氯乙烷	9.8
环己烷	8.2	环己酮	9.9
2,2-二氯丙烷	8.2	乙二醇单乙醚	9.9
醋酸异丁酯	8.3	二氧六环	9.9
醋酸戊酯	8.3	二硫化碳	10.0
醋酸异戊酯	8.3	正辛醇	10.3
甲基异丁基甲酮	8.4	丁腈	10.5
醋酸丁酯	8.5	正己醇	10.7
二戊烯	8.5	异丁醇	10.8
醋酸正戊酯	8.5	吡啶	10.9
甲基异丙基甲酮	8.5	二甲基乙酰胺	11.1
四氯化碳	8.6	硝基乙烷	11.1
哌啶	8.7	正丁醇	11.4
二甲苯	8.8	环己醇	11.4
二甲醚	8.8	异丙醇	11.5
甲苯	8.9	正丙醇	11.9
乙二醇单丁醚	8.9	二甲基甲酰胺	12.1
1,2-二氯丙烷	9.0	乙酸	12.6
异丙叉丙酮	9.0	硝基甲烷	12.7
醋酸乙酯	9.1	二甲亚砜	12.9
四氢呋喃	9.2	乙醇	12.9
二丙酮醇	9.2	甲酚	13.3
苯	9.2	甲酸	13.5
甲醇	14.5	苯酚	14.5
乙二醇	16.3	甘油	16.5
水	23.4	—	—

注　1cal=4.184J。

3　常用单体及聚合物的折光指数及密度

名称	n_D^{20}		25 ℃时密度 /（g/mL）		体积收缩 /%
	单体	聚合物	单体	聚合物	
氧乙烯	1.3380	1.545	0.919	1.406	34.4
丙烯腈	1.3888	1.518	0.800	1.17	31

续表

名称	n_D^{20}		25 ℃时密度 /（g/mL）		体积收缩 /%
	单体	聚合物	单体	聚合物	
偏二氯乙烯	1.4249	1.654	0.213	1.71	28.6
甲基丙烯腈	1.401	1.520	0.800	1.10	27.0
丙烯酸甲酯	1.4201	1.4725	0.952	1.223	22.1
醋酸乙烯	1.3956	1.4667	0.934	1.191	21.6
甲基丙烯酸甲酯	1.4147	1.492	0.940	1.179	20.6
苯乙烯	1.5458	1.5935	0.905	1.062	14.5
丁二烯	1.4292（-25 ℃）	1.5149	0.6276	0.906	44.4
异戊二烯	1.4220	1.5191	0.6805	0.906	33.2

4 常见聚合物的溶剂和沉淀剂

聚合物	溶剂	沉淀剂
聚丁二烯	脂肪烃、芳烃、卤代烃、四氢呋喃、高级酮和酯	水、醇、丙酮、硝基甲烷
聚乙烯	甲苯、二甲苯、十氢化萘、四氢化萘	醇、丙酮、邻苯二甲酸甲酯
聚丙烯	环己烷、二甲苯、十氢化萘、四氢化萘	醇、丙酮、邻苯二甲酸甲酯
聚异丁烯	烃、卤代烃、四氢呋喃、高级脂肪醇和酯、二硫化碳	低级酮、低级醇、低级酯
聚氯乙烯	丙酮、环己酮、四氢呋喃	醇、己烷、氯乙烷、水
聚四氟乙烯	全氟煤油（350 ℃）	大多数溶剂
聚丙烯酸	乙醇、二甲基甲酰胺、水、稀碱溶液、二氧六环 / 水（8∶2）	脂肪烃、芳香烃、丙酮、二氧六环
聚丙烯酸甲酯	丙酮、丁酮、苯、甲苯、四氢呋喃	甲醇、乙醇、水、乙醚
聚丙烯酸乙酯	丙酮、丁酮、苯、甲苯、四氢呋喃、甲醇、丁醇	脂肪醇（C ≥ 5）、环己醇
聚丙烯酸丁酯	丙酮、丁酮、苯、甲苯、四氢呋喃、丁醇	甲醇、乙醇、乙酸乙酯
聚甲基丙烯酸	乙醇、水、稀碱溶液、盐酸（0.02 mol/L，30 ℃）	脂肪烃、芳香烃、丙酮、羧酸、酯
聚甲基丙烯酸甲酯	丙酮、丁酮、苯、甲苯、四氢呋喃、氯仿、乙酸乙酯	甲醇、石油醚、己烷、环己烷
聚甲基丙烯酸乙酯	丙酮、丁酮、苯、甲苯、四氢呋喃、乙醇（热）	异丙醚
聚甲基丙烯酸异丁酯	丙酮、乙醚、汽油、四氯化碳、乙醇（热）	甲酸、乙醇（冷）
聚甲基丙烯酸正丁酯	丙酮、丁酮、苯、甲苯、四氢呋喃、己烷	甲酸、乙醇（冷）
聚乙酸乙烯酯	丙酮、苯、甲苯、四氢呋喃、氯仿、二氧六环	无水乙醇、己烷、环己烷
聚乙烯醇	水、乙二醇（热）、丙三醇（热）	烃、卤代烃、丙酮、丙醇

聚合物	溶剂	沉淀剂
聚乙烯醇缩甲醛	甲苯、氯仿、苯甲醇、四氢呋喃	脂肪烃、甲醇、乙醇、水
聚丙烯酰胺	水	醇类、四氢呋喃、乙醚
聚甲基丙烯酰胺	水、甲醇、丙酮	酯类、乙醚、烃类
聚 N- 甲基丙烯酰胺	水（冷）、苯、四氢呋喃	水（热）、正己烷
聚 N,N- 二甲基丙烯酰胺	甲醇、水（40 ℃）	水（溶胀）
聚甲基乙烯基醚	苯、氯代烃、正丁醇、丁酮	庚烷、水
聚丁基乙烯基醚	苯、氯代烃、正丁醇、丁酮、乙醚、正庚烷	乙醇
聚丙烯腈	N,N- 二甲基甲酰胺、乙酸酐	烃、卤代烃、酮、醇
聚苯乙烯	苯、甲苯、氯仿、环己烷、四氢呋喃、苯乙烯	醇、酚、己烷、庚烷
聚 2- 乙烯基吡啶	氯仿、乙醇、苯、四氢呋喃、二氧六环、吡啶、丙酮	甲苯、四氯化碳
聚 4- 乙烯基吡啶	甲醇、苯、环己酮、四氢呋喃、吡啶、丙酮/水（1:1）	石油醚、乙醚、丙酮、乙酸乙酯、水
聚乙烯基吡咯烷酮	溶解性依赖于是否含有少量水，氯仿、醇、乙醇	烃类、四氯化碳、乙醚、丙酮、乙酸乙酯
聚氧化乙烯	苯、甲苯、甲醇、乙醇、氯仿、水（冷）、乙腈	水（热）、脂肪烃
聚氧化丙烯	芳香烃、氯仿、醇类、酮	脂肪烃
聚氧化四甲基	苯、氯仿、四氢呋喃、乙醇	石油醚、甲醇、水
双酚 A 型聚碳酸酯	苯、氯仿、乙酸乙酯	
聚对苯二甲酸乙二醇酯	苯酚、硝基苯（热）、浓硫酸	醇、酮、醚、烃、卤代烃
聚芳香砜	N,N- 二甲基甲酰胺	甲醇
聚氨酯	苯、甲酸、N,N- 二甲基甲酰胺	饱和烃、醇、乙醚
聚硅氧烷	苯、甲苯、氯仿、环己烷、四氢呋喃	甲醇、乙醇、溴苯
聚酰胺	苯酚、硝基苯酚、甲酸、苯甲醇（热）	烃、脂肪醇、酮、醚、酯
三聚氰胺甲醛树脂	吡啶、甲醛水溶液、甲酸	大部分有机溶剂
天然橡胶	苯	甲醇
丙烯腈 - 甲基丙烯酸甲酯共聚物	N,N- 二甲基甲酰胺	正己烷、乙醚
苯乙烯顺丁烯二酸酐共聚物	丙酮、碱水（热）	苯、甲苯、水、石油醚
聚 2,6- 二甲基苯醚	苯、甲苯、氯仿、二氯甲烷、四氢呋喃	甲醇、乙醇
苯乙烯 - 甲基丙烯酸甲酯共聚物	苯、甲苯、丁酮、四氯化碳	甲醇、石油醚

5 常见聚合物的溶度参数

聚合物	$d/(J/cm^3)^{1/2}$	聚合物	$d/(J/cm^3)^{1/2}$
聚四氟乙烯	12.6	聚苯乙烯	18.7
聚三氟氯乙烯	14.7	聚氯化异戊二烯橡胶	18.7～19.2
聚二甲基硅氧烷	14.9	聚甲基丙烯酸甲酯	18.7
乙丙橡胶	16.1	聚乙酸乙烯酯	19.2
聚异丁烯	16.1	聚氯乙烯	19.4
聚乙烯	16.3	双酚 A 聚碳酸酯	19.4
聚丙烯	16.3	聚偏氯乙烯	20.0～25.0
聚异戊二烯（天然橡胶）	16.5	乙基纤维素	17.3～21.0
聚丁二烯	17.1	聚氧化乙烯	20.3
丁苯橡胶	17.1	纤维素二硝酸酯	21.6
聚甲基丙烯酸叔丁酯	16.9	聚对苯二甲酸乙二酯	21.8
聚甲基丙烯酸正己酯	17.6	聚甲醛	22.6
聚甲基丙烯酸正丁酯	17.8	二乙酸纤维素	23.2
聚丙烯酸丁酯	18.0	聚乙烯醇	25.8
聚甲基丙烯酸乙酯	18.3	尼龙 66	27.8
聚甲基苯基硅氧烷	18.3	聚甲基丙烯酸 α-氰基酯	28.7
聚丙烯酸乙酯	18.7	聚丙烯腈	28.7

6 常见聚合物的玻璃化温度和熔点

聚合物名称	熔点 $T_m/℃$	玻璃化温度 $T_m/℃$
丙烯腈-丁二烯-苯乙烯（ABS）	—	88～120
尼龙 6	210～220	—
尼龙 66	255～265	—
尼龙 12	160～209	125～155
聚碳酸酯（PC）	—	150
聚对苯二甲酸丁二醇酯（PBT）	220～267	40
聚对苯二甲酸乙二醇酯（PET）	212～265	68～80
低密度聚乙烯（LDPE）	98～115	−25
高密度聚乙烯（HDPE）	130～137	—
聚苯醚（PPO）	—	117～190
聚苯硫醚（PPS）	285～290	88
聚丙烯（PP）	160～175	−20
聚苯乙烯（PS）	—	74～105
高抗冲聚苯乙烯（HIPS）	—	93～105

聚合物名称	熔点 $T_m/℃$	玻璃化温度 $T_m/℃$
聚氯乙烯（PVC）	75～105	—
聚丙烯酸	—	106
聚丙烯酸甲酯	—	8
聚丙烯酸乙酯	—	−22
聚丙烯酸正丁酯	—	−54
聚丙烯酸异丁酯	—	−40
聚丙烯酸 -2- 羟乙酯	—	−15
聚丙烯酸 -2- 羟丙酯	—	−7
聚甲基丙烯酸	—	130
聚甲基丙烯酸甲酯	—	105
聚甲基丙烯酸乙酯	—	65
聚甲基丙烯酸正丁酯	—	20
丙烯酰胺	—	188
甲基丙烯酸 -2- 羟乙酯	—	55
甲基丙烯酸 -2- 羟丙酯	—	26
聚甲基丙烯腈	—	120
聚丙烯腈	—	104

7　乌氏黏度计内径及适用溶剂对照

毛细管内径 /mm	使用溶剂
0.37	二氯甲烷
0.38	三氯甲烷
0.39	丙酮
0.41	乙酸乙酯、丁酮
0.46	醋酸丁酯 / 丙酮（1∶1）
0.47	四氢呋喃
0.48	正庚烷
0.49	二氯乙烷、甲苯
0.54	氯苯、苯、甲醇、对二甲苯、正辛烷
0.55	乙酸丁酯
0.57	二甲基甲酰胺、水
0.59	二甲基乙酰胺
0.61	环乙烷、二氧六环
0.64	乙醇

毛细管内径 /mm	使用溶剂
0.66	硝基苯
0.705	环己酮
0.78	邻氯苯酚、正丁醇
0.80	苯酚 / 四氯乙烷（1:1）
1.07	间甲酚

8　常用单体的竞聚率

M_1	M_2	$T/^{\circ}\text{C}$	r_1	r_2	r_1r_2
丁二烯	异茂二烯	5	0.75	0.85	0.64
	苯乙烯	50	1.35	0.58	0.78
	苯乙烯	60	1.39	0.78	1.08
	丙烯腈	40	0.3	0.02	0.01
	甲基丙烯酸甲酯	90	0.75	0.25	0.19
	丙烯酸甲酯	5	0.76	0.05	0.04
	氯乙烯	50	8.8	0.035	0.31
苯乙烯	异茂二烯	50	0.80	1.68	1.34
	丙烯腈	60	0.40	0.04	0.02
	甲基丙烯酸甲酯	60	0.52	0.46	0.24
	丙烯酸甲酯	60	0.75	0.2	0.15
	偏二氯乙烯	60	1.85	0.085	0.16
	氯乙烯	60	17	0.02	0.34
	乙酸乙烯酯	60	55	0.01	0.55
丙烯腈	甲基丙烯酸甲酯	80	0.15	1.224	0.18
	丙烯酸甲酯	50	1.5	0.84	1.26
	偏二氯乙烯	60	0.91	0.37	0.34
	氯乙烯	60	2.7	0.04	0.11
	乙酸乙烯酯	50	4.2	0.05	0.21
甲基丙烯酸甲酯	丙烯酸甲酯	130	1.91	0.504	0.96
	偏二氯乙烯	60	2.35	0.24	0.56
	氯乙烯	68	10	0.1	1.00
	乙酸乙烯酯	60	20	0.015	0.30
丙烯酸甲酯	氯乙烯	45	4	0.06	0.24
	乙酸乙烯酯	60	9	0.1	0.90

M_1	M_2	$T/^\circ C$	r_1	r_2	r_1r_2
氯乙烯	乙酸乙烯酯	60	1.68	0.23	0.39
	偏二氯乙烯	68	0.1	6	0.60
乙酸乙烯酯	乙烯	130	1.02	0.97	0.99
马来酸酐	苯乙烯	50	0.04	0.015	0.00
	α-甲基苯乙烯	60	0.08	0.038	0.00
	反二苯基乙烯	60	0.03	0.03	0.00
	丙烯腈	60	0	6	0.00
	甲基丙烯酸甲酯	75	0.02	6.7	0.13
	丙烯酸甲酯	75	0.02	2.8	0.06
	乙酸乙烯酯	75	0.055	0.003	0.00
四氟乙烯	三氟氯乙烯	60	1.0	1	1.00
	乙烯	80	0.85	0.15	0.13
	异丁烯	80	0.3	0.0	0.00

9　结晶聚合物的密度

聚合物	$\rho_c/(g/cm^3)$	$\rho_a/(g/cm^3)$	聚合物	$\rho_c/(g/cm^3)$	$\rho_a/(g/cm^3)$
聚乙烯	1.00	0.85	聚丁二烯	1.01	0.89
聚丙烯	0.95	0.85	聚异戊二烯（顺式）	1.00	0.91
聚丁烯	0.95	0.86	聚异戊二烯（反式）	1.05	0.90
聚异丁烯	0.94	0.84	聚乙炔	1.15	1.00
聚戊烯	0.92	0.85	聚甲醛	1.54	1.25
聚苯乙烯	1.13	1.05	聚氧化乙烯	1.33	1.12
聚氯乙烯	1.52	1.39	聚氧化丙烯	1.15	1.00
聚偏氯乙烯	1.95	1.66	聚对苯二甲酸乙二醇酯	1.50	1.33
聚三氟氯乙烯	2.19	1.92	尼龙-6	1.23	1.08
聚四氟乙烯	2.35	2.00	尼龙-66	1.24	1.07
聚乙烯醇	1.35	1.26	尼龙-610	1.19	1.04
聚甲基丙烯酸甲酯	1.23	1.17	聚碳酸酯	1.31	1.20

注　ρ_c——聚合物结晶区的密度；ρ_a——聚合物（含结晶区和无定形区）的密度。